儿童的成长

并非杂乱无章

而是一场

遵循生命密码的

“静默革命”

儿童行为正解

徐岩 著

0—6 岁

儿童行为科学指南

每个“问题行为”

都是孩子成长的信号

你以为的“坏习惯”

都是生命本能的觉醒

压抑即摧毁，顺应则绽放

南方日报出版社
NANFANG DAILY PRESS
中国·广州

图书在版编目（CIP）数据

儿童行为正解 / 徐岩著. -- 广州 : 南方日报出版社，2025. 7. -- ISBN 978-7-5491-3061-0

Ⅰ. B844.12

中国国家版本馆 CIP 数据核字第 2025RW8303 号

儿童行为正解

ERTONG XINGWEI ZHENGJIE

◎ 徐岩 著

出版发行： 南方日报出版社
地　　址： 广州市广州大道中 289 号
出 版 人： 周山丹
策　　划： 柏沐芸　邵　晨
责任编辑： 曹　星　朱晓娟
特约编辑： 邵　晨
责任校对： 阮昌汉　符文达
责任技编： 王　兰
插画绘制： 柏露雪
装帧设计： 杨发凯　柏露雪
经　　销： 全国新华书店
印　　刷： 湖南省日大彩色印务有限公司
成品尺寸： 150 mm x 230 mm
印　　张： 13
字　　数： 150 千字
版　　次： 2025 年 7 月第 1 版
印　　次： 2025 年 7 月第 1 次印刷
定　　价： 52.00 元

推荐序 1

做父母是要含着眼泪看孩子长大。

当稚嫩的童声第一次说出“不”，当幼小的身躯执拗地重复某个动作，上一秒眼睛还笑成月牙突然又莫名大哭——我们怀着初为父母的喜悦与热忱去陪伴孩子成长的时候，你会发现养育小生命就像需要破解密码，时而绞尽脑汁，经常无计可施。你是否也曾因为孩子那些“喜怒无常”“不可理喻”感到困惑、焦虑甚至挫败呢？

焦虑的根源，有时并不是我们养育知识储备不足，而是由于我们习惯性地用成人的标尺丈量儿童的世界，用“应该”的模具去套取纯真无瑕的童心，用世俗社会的规则去禁锢那蓬勃的生命力。《儿童行为正解》在这个夏季面市，宛如一阵凉风，为我们轻轻拂去这层焦灼。它敏锐地捕捉到儿童成长地图上，那些至关重要的敏感期里看似“麻烦”的行为，原来是生命内在发展最强烈的信号，是原始的“精神胚胎”所赋予的强大生命动力，是孩子主动建构自我的珍贵尝试。孩子对秩序的固执、对微小细节的专注、对独立近乎执拗的渴望，并非“问题”，而是儿童成长的节律在向我们发出“信号”。

徐岩老师深耕家庭教育已近三十年，近年来更是致力于儿童行为的研究，意在引领天下父母去理解孩子的自然成长历程。该书以理解和尊重生命本能为核心，唤醒更多家长重新认识儿童成长规律。她以丰富的幼儿教育经验和心理学知识来洞察儿童行为背后的成长密码、破解养育过程中的烦恼。书中那些令家长困惑的场景——孩子执拗地重复按电梯、反复扔玩具、突然拒绝上厕所、甚至和小朋友打架……这些都不再是需要纠正的“问题”，他们说“我要和妈妈（或爸爸）结婚”也不应被一笑而过，这些是儿童敏感期本就该绽放的美好，是值得珍视的情感体验。

真正的教育智慧，不是急于矫正或塑造，而是敬畏生命、谦卑地看见与懂得。养育之道，不在修剪枝蔓，而在提供土壤；不在催促花开，而在信任时节。孩子不是等待填满的空瓶，而是携带内在生长密码的种子。我们最重要的使命，是提供一片安全、自由、充满尊重的沃土，让那独特的内在蓝图，得以按其自身的节奏与韵律从容展开——允许孩子跌倒、摸索、停顿，甚至绕路，因为那正是让孩子的内在人格得以自由生长的真实路径。

陪伴孩子成长，需要真正地“看见”儿童行为背后的真相，惟有深深的“看见”，才懂得在陪伴的过程中不急不徐、静待花开。含着眼泪看孩子长大，是明知道前路有些许坎坷，却依然相信孩子，等待他自己积蓄力量去翻越，这是对生命真正的尊重，是智慧的克制与等待。

《儿童行为正解》破译了儿童行为背后的成长密码，带我们回归教育的本质，并赋予我们一种珍贵的定力——在喧嚣的育儿建议中，得以安下心来，重新学习敬畏生命内在的秩序与力量，这会让我们爱得更深沉、更从容。让我们松开那双过度掌控的手，信任时间，信任规律，更信任那正在努力生长的、独一无二的小生命本身。

愿每位父母都能在此获得启发与力量，做孩子自由天空的守护者，静待生命以它本来的样子，绽放出令人惊叹的华彩乐章。

林青贤

2025 年 6 月 25 日

推荐序 2

作为徐岩在辽宁师范大学求学时的老师，看到曾经的学生已经成长，并开始著书立说，非常欣喜。这本书是她潜心钻研、勤于思考的结晶。她虽从国际先进教育理念起步，但在多年的本土化家庭教育的探索中，深刻体察到中外教育的差异，致力于打造真正契合当代中国儿童心理发展特点的教育路径。这些宝贵的经验与思考，都凝练在本书的字里行间，我为她能将专业知识转化为如此有价值的社会成果感到由衷的欣慰和自豪。

孩子从出生到长大，是一个漫长而又短暂的过程。在这个过程中，父母、祖辈甚至老师既体验过陪伴孩子成长的欢乐与烦恼，也因为孩子矛盾的行为产生过困惑，甚至感觉不可理喻，百感交集，而不知所措。《儿童行为正解》这本书将为您破解儿童心理成长之谜。

阅读此书，发现有如下特点：

1. 科学性

心理学领域，儿童行为研究始终是一个充满魅力和挑战的核心课题。它要求我们不仅观察表面现象，更要深入探究其内在的发展动力和心理机制。该书基于儿童心理学的学科理论，在诸多理解儿童行为的钥匙中，敏感期的理论无疑是一把至关重要的利器。作者以扎实的心理学理论为基础，系统梳理了儿童发展过程中各个主要敏感期（如秩序敏感期、语言敏感期、动作协调敏感期、感官精致化敏感期、社交敏感期等）的表现特征、内在需求和发展意义。

2. 可操作性

作者基于个人二十多年的教育实践，紧密结合实际生活场景，提供了可操作的观察方法、互动策略和教育建议。书中详实的案例和具体的指导，让家长和教师能够将敏感期理论切实转化为支持孩子成长的行动指南，真正做到在恰当时机，给予恰当支持。其阐述条理清晰，深入浅出，即使是心理学背景知识有限的读者也能轻松理解。

3. 儿童观

作者在长期实践观察中展现了对儿童心理学的浓厚兴趣、严谨的治学态度、细致的观察力以及宝贵的实践智慧。她在书中传递出一种温暖而坚定的儿童观：尊重儿童作为独立个体的发展节奏和内在需求。她引导我们看到，那些所谓的“问题行为”，往往是孩子内在发展需求未被理解或满足的信号。理解敏感期，正是为了更深入地尊重儿童，避免粗暴干预，从而为他们的潜能发展创造最优环境。

相信《儿童行为正解》的出版，必将惠及广大家长、教育工作者以及对儿童发展感兴趣的人士，为促进更科学、更人本的儿童教育实践贡献一份重要的力量。

因此，我诚挚地向所有渴望理解孩子、希望以更科学的方式陪伴孩子成长的读者推荐这本《儿童行为正解》。愿它能帮助您拨开儿童行为的迷雾，把握成长的关键契机，与孩子共同谱写一段更加和谐、充满理解与支持的成长乐章。

是为序。

刘文

辽宁师范大学教授 / 博士生导师

早期儿童发展与教育研究所所长

中国心理学会认定的心理学家

世界学前教育作者 OMEP 中国委员

中国家庭教育百名公益人物

2025 年 6 月 19 日

自序

作为父母，育儿之路往往喜忧参半，他们的每一个成长阶段，似乎都预示着新的未知与挑战。从婴儿期的无休止哭闹，到学步期的勇敢探索，再到学龄前自我意识的觉醒，孩子的每一步成长都会给我们带来喜悦，而那些突如其来的变化和挑战，也时常让父母们感到迷茫与无力。

我曾是一名自信的教师，站在讲台上，面对着一双双求知的眼睛，我总能游刃有余地去把知识传授给他们，凭着这份能力与自信，自然也坚信能教育好自己的孩子。然而，当我成为母亲，怀抱那个柔软的小生命时，我才深刻体会到，育儿远比我想象中复杂得多。面对孩子的哭闹、任性、叛逆，我常常感到无助，甚至开始怀疑自己作为母亲的能力。那些曾经看似简单明了的育儿理论，在实践中却显得苍白无力，孩子的每一次“不配合”，都像是对我的一种挑战，宣告着他们正以自己的节奏成长。

我开始在无数个不眠之夜翻阅大量的育儿图书，试图从中找到答案。但遗憾的是，许多书要么过于理论化，难以应用于实际；要么缺乏针对性，无法解决我的具体困惑。于是，我决定观察自己的孩子，记录他成长的每一个瞬间，试图从中找到规律。我逐渐发现，儿童的成长并非杂乱无章，而是一场遵循生命密码的“静默革命”。他们的每一个行为背后，都隐藏着特定的需求和情感。哭闹可能是为了寻求关注，任性可能是为了表达自我，叛逆则是为了寻求独立。

在深入探索的过程中，我意识到，孩子的成长不仅仅是身体和心智的成熟，更是对世界认知的不断深化。他们通过触摸、观察、体验，逐渐构建起对世界的理解。比如，当孩子沉迷于抓捏各种物品时，他们其实是在用双手探索世界的奥秘，唤醒被称为“第二大脑”的手部感知系统；当他们拒绝上厕所，坚持自己的小固执时，这既是他们自我管理的初步尝试，也是对自我边界的确认。

当我开始尝试理解孩子的内心世界，用他们的视角看待问题时，我发现，许多曾经困扰我的问题竟然迎刃而解。我意识到，儿童的成长规律与敏感期的交织，构成了他们成长的经纬线。前者勾勒出认知能力发展的宏观路径，后者则像暗夜中的萤火，照亮每个阶段最需要被满足的核心需求。

比如，当 2 岁的孩子突然执着于将玩具按固定顺序排列，因杯子摆放位置改变而崩溃大哭时，许多家长会简单地认为这是“无理取闹”。但若从发展规律的角度看，这正是孩子进入“秩序敏感期”的表现。他们通过建立外在秩序感，构建对世界的初步认知框架。同样，3—5 岁的孩子常化身“十万个为什么”，对语言表达表现出极大的热情，这既是“语言敏感期”的表征，也标志着他们正经历从“感知运动阶段”向“符号思维阶段”的跃迁。

这些敏感期的出现，不仅揭示了孩子内在的需求，更让我们意识到，作为父母，我们的角色应该是观察者、引导者和支持者。我们不应急于纠正孩子的行为，而应从这些行为背后发现他们成长的信号，用理解和耐心为他们搭建一个温

暖而安全的成长空间。

在本书中，我将结合自身的亲身经验和多年的学习，分享一些关于儿童行为、成长以及亲子关系的心得体会。从婴幼儿时期的身体感官探索，到学龄前的自我意识觉醒，再到亲子关系的建立与维系，每一个成长瞬间都充满了无限可能。

我将深入探讨如何帮助孩子建立自我管理的能力，如何在微观世界中发现知识的奥秘，如何在自然中拓展他们的能力边界。我还会讲述孩子的自我意识如何初次觉醒，孩子如何认知物权与边界，如何在秩序敏感期中表达情绪，以及如何探索与建构人际关系。此外，孩子对生命的追问、婚姻意识的建立、孩子间的亲密探索、性别意识与独立睡眠的启蒙，以及爬行与语言的发育、语言能力的培养、阅读习惯的建立和数学思维的培养等话题，我也将一一呈现。

作为父母，我们的任务是理解孩子并耐心为孩子搭建一个温暖又安全的成长空间，让他们在这个空间中自由探索、自主发展。在接下来的章节中，我将详细讨论这些理念，探讨如何通过细致入微的陪伴与理解，帮助孩子度过每一个关键的发展阶段。通过理解孩子行为背后的敏感期需求，我们能够更好地支持他们的成长，同时减少无谓的焦虑与误解。

最后，我想对我的孩子说一声“谢谢”。是你，让我有机会重新认识自己，重新认识教育，重新认识生命的意义。

这本书，献给你，也献给所有正在成长中的孩子和父母们。我相信，每个父母都希望能为孩子创造一个健康、快乐的成长环境，而这正是我们一生中最值得投资的事业。

徐岩

2025 年 6 月 20 日

目录

第一章 儿童行为里的大学问

第二章 身体与感官

第三章 自我与他人

第四章 性别与婚姻

第五章 感统与学习

孩子的每一个行为背后，

都隐藏着

特定的需求和情感。

哭闹可能是为了寻求关注，

任性可能是为了表达自我，

叛逆则是为了寻求独立。

第一章

儿童行为里的大学问

最好的早教

不在培训机构，

而在家庭日常生活的

每一个美好的时刻。

第一节

家有小宝，幸福又烦恼

孕育生命可能是这个世界上最美好的事情。孩子出生之后，他的一颦一笑都牵动着父母的心，小天使们有太多的第一次让我们开心喜悦。父母们满怀着爱和作为“新手”养育者的热情让怀里的小婴儿吃饱、睡好，为听懂他的哭声而雀跃，甚至还兴致勃勃地研究他粪便里隐藏的玄机。就在这些新手父母们成就感满满的时候，孩子接踵而来的一些“奇怪的行为”开始让他们百思不得其解，有些新手父母甚至因此深感焦虑。

刚出生的宝宝不厌其烦地吃自己的手指，有些父母会想尽办法让孩子不把手放在嘴里；刚松一口气，孩子灵活的小手又把一切能抓到的东西往嘴里放，吓得父母们大惊失色，眼睛根本不敢离开孩子。当孩子开始尝试自己吃饭，他就会把那些软软的香蕉、面条、果酱统统抹到脸上、身上、小桌板上，“小花猫”在餐椅上看着你，又舔手又舔小桌板，样子可爱极了，而父母们面对着被破坏的现场却开始头疼起来。

等到孩子开始可以独立地吃饭、穿衣，在生活上刚让你松了一口气，父母们又惊讶地发现，本来挺乖巧的孩子突然有一天开始说脏话、骂人。你阻止他，给他讲道理，不仅没用，他还说得更加起劲。和其他小朋友玩得好好的，却突然打起来，甚至咬人，动作之快让你根本来不及反应。你时常复盘日常生活中哪里隐含了这些“暴力因素”：是不是哪部动画片里的情节导向有问题？还是被别的孩子带“坏”了？怎么想也没想通孩子为什么会性格“突变”。

当然，也不是所有的行为都令人头疼。他们开始喜欢音乐，一听到音乐就会扭动身体，展现出极强的韵律感，那呆萌可爱的样子让父母忍俊不禁。他们可能在某一天也会开始喜欢数字，看见数字就要读，眼睛里只有数字，特别是对爸爸妈妈的电话号码极度痴迷，当他能完整背出电话号码时父母恨不得跟全世界炫耀。更让父母们开心的是，他们开始喜欢阅读，拿着自己喜欢的绘本不放，并对不认识的字充满兴趣。他们开始喜欢问一连串的“为什么”，真的成了“十万个为什么”。而且，他们问的问题千奇百怪：为什么天上会下雨？小鸟为什么会飞？月亮是怎么发光的？有时，父母们也答不上来，等孩子长大到不再问“为什么”的时候，父母或许都已经成为“百科全书”了。他们对周围的世界充满了好奇，开始主动探索各种自然现象和社会规则。比如，他们会问：“为什么汽车要在马路上行驶？”“为什么人不能飞到天上去？”对于这些问题，他们不仅渴望知道答案，更想亲自去尝试、去验证。很多父母对于这些疑问容易不当回事，一笑置之。而此时，是最不应该忽视的时候，因为这正是孩子进入“语言敏感期”和“逻辑思维敏感期”的表现，他们通过提问来理解世界的运作规律，这种对未知世界的探索精神，正是成长道路上不可或缺的一部分。

随着年龄的增长，孩子们还会进入一个对规则极度敏感的时期。在这段时间里，你也会发现孩子身上的许多闪光点。你会发现，当他愿意做某件事时，会特别专注，并乐此不疲地重复做，那种执着和专注会让你深受感动。他们开始热衷于制定和遵守规则，无论是游戏中的规则，还是日常生活中的小约定，都会一丝不苟地执行。比如，和孩子玩角色扮演游戏时，孩子会坚持每个人都要严格按照设定的角色来行动，一旦有人“犯规”，他便会义正辞严地指出来，并要求重新开始。在家里，他们也会制定一些“家庭规则”，如每天必须读一本绘本、吃饭前必须洗手等，并会监督和提醒家人共同遵守。

但同时，你也会感到苦恼和困惑，因为即便是一个自律的成人，也很难有这样的执着。如果某件事情不合孩子的心意，比如妈妈好心帮他撕开小食品的袋子，不料孩子却突然爆发，“不知好歹”地责怪妈妈，哭闹不停，要求回到原来的样子。比如，他可能会要求每天晚上听同一个故事，每天看同一集动画片，哪怕天天重复，每次他依然会保持高度专注，仿佛此时此刻这就是他的全部世界。父母起初觉得有趣，甚至会拍下视频分享给亲朋好友，但随着时间的推移，开始感到困惑：“为什么孩子总是重复做同一件事？是不是太固执了？”其实，这正是孩子进入“秩序敏感期”的表现，他们通过重复来建立内心的秩序感，这是他们认知发展的重要阶段。

有一天，孩子突然对人与人之间的关系产生好奇。他会靠在你们怀里，摸着妈妈肚子上的疤痕，认真地看着你的眼睛问：“妈妈，我从哪里来的？是从你的肚子里来的吗？爸爸妈妈把我生下来养大辛不辛苦？我爱爸爸妈妈！”甚至信誓旦旦地对父母说：“妈妈（爸爸），我要和你结婚，我们俩相亲相爱。”虽然这些话听起来有些可笑，但父母们也会瞬间被感动得热泪盈眶，觉得自己的辛苦没有白白付出。然而，好景不长，有一天他可能会正式地通知你：“我不和你结婚了！”因为他又喜欢上了同班的小朋友，这让你既觉得好笑又不明所以。他们通过情感表达来探索人际关系边界的种种尝试，常常成为大人们调侃的童年趣事。家长们很快就会发现，我们还没来得及捕捉他们内心深处的感受，孩子的情感敏感期就转瞬即逝了。

孩子的成长过程中，有多少行为会因为我们的忽视和不了解而错过发展的良机？比如不让新生儿吸吮手指头，为了控制孩子小便的时间定时把尿，对他们的“十万个为什么”不耐烦，忽视小小的他们想要跟你结婚的情感……你知道这些将对孩子的未来造成什么影响？那些让人时而惊喜时而又头疼的新现象到底在传达些什么信号？其实孩子这些奇奇怪怪的行为都和孩子的成长规律，和孩子身体、精神、思维的发展有关。我们有时候会忽视孩子的行为，有时候想纠正孩子的问题，这是因为不知道这些行为和问题背后隐藏的成长密码：儿童敏感期。当你了解敏感期，破译孩子的种种“奇葩”行为便不再是难事。当我们发现过去的问题不再是问题，养育孩子就会没有那么多困惑和焦虑，会变成一件能够从容应对的事，心里也会对自己养育孩子的能力多一分信心，这将使你对孩子的成长有更多包容、接纳、理解和信任。

第二节

儿童行为不奇怪

孩子这些奇奇怪怪的行为到底在“说”什么？儿童行为与他们的成长之间有些什么关系？我们到底要如何陪伴一个孩子的成长，才是给予支持而不是造成破坏？其实孩子这些奇奇怪怪的行为及我们认为的这些问题都和孩子的成长规律、身心发展有关。

老子曾说：“天地无人推而自行，日月无人燃而自明，星辰无人列而自序，野兽无人造而自生，此乃自然之为也，何劳人为乎？”这一段话的意思就是说，自然界中万事万物都存在着他们独特的运行和发展规律，人生于天地之间，本应与自然和谐共生，人的生老病死，恰似大自然的春夏秋冬，循环往复，自然而然。顺应自然之道，生而顺应，死而安然，方能不失本真。儿童的成长之路，亦是遵循自然法则的一趟旅程。

那么我们要如何顺应孩子成长的规律呢？

孩子一出生，大自然就赋予了孩子无限的潜能。就像一粒种子，只要给予足够的阳光、空气和土壤，这颗种子就能茁壮成长。养育孩子也是一样的道理，儿童内在本身就蕴藏着一股强大的精神能量和生命潜能，这股能量会自动指引他们成长和发展。意大利医学博士蒙台梭利把这种指引儿童生命发展的潜能称为“精神胚胎”。也许你会说，不对，是因为有成人的指引，孩子才会长大的。我只能说这么想是我们太自大了，其实成人对孩子的成长只是起到协助作用，就像种子一样，孩子的成长主要是依靠生命潜能中蕴含的巨大能量。一个新生儿诞生之后，我们只要给他提供充足的生理营养和适合的环境，这个孩子就会自动地长牙、翻身、坐、爬、学会走路，老话说的“三翻、六坐、七滚、八爬”就是在讲孩子身体成长的规律。

而一个孩子内在的心理建构，如精神、情感、智力和意志等品质，也是孩子与生俱来的，它们储藏在孩子的身体里，孩子必须通过一个媒介将其呈现出来，而这个媒介就是环境，孩子是依靠自己吸收环境，在与环境的互动中来完成其智力和心理的发展的。成人不过是守护者，孩子自会在与环境的互动中破译生命的成长密码，如同幼苗穿透土壤时，大地只需保持松软与肥沃。正如蒙台梭利说，儿童具有“吸收性心智”。我有一个朋友，他的孩子只有3岁半，就会说四国语言，每个人看到这个孩子都特别惊讶，这并不是因为他接受了专门的语言训练，而是因为人类本身具有强大的“精神胚胎”，能够让孩子在儿童语言发展期发挥强大的语言能力。这个孩子的抚养者来自四个不同的国家，孩子在被养育的过程中能够自动吸收环境中的语言信息，习得各种语言。这是孩子的“精神胚胎”与环境相互作用的必然结果。

“精神胚胎”所赋予孩子的巨大潜能是远超过我们想象的，也远高于成人。这是上天赋予儿童的特殊能力，用来帮助孩子更好、更快地认识世界。难怪有科学家曾说：儿童用几个月学习的某项能力，成人需要用六十年的时间才能完成。儿童的发展太神奇了，但如果不了解儿童成长的这些秘密，我们不仅无法让孩子潜在的天赋呈现出来，还会不知不觉地破坏孩子的发展，且浑然不知。

“精神胚胎”让儿童具备某种特殊能力，而儿童在某个阶段具备某种特殊能力的这一段成长时期，就是敏感期。0—6岁儿童的整个生命状态是由一个个敏感期串联起来的，所以只有我们了解儿童的敏感期，我们才能真正地了解儿童生命发展的秘密。在自然界中，生在树杈上的蝴蝶幼虫只能吃长在树尖上的嫩芽生存，那弱小的它们如何摄取生命所需呢？这时的幼虫竟然对光有着特殊的敏感性，它们会依靠这种特殊的能力，顺着光的方向爬到最亮的地方，吃到最嫩的叶子，让自己活下来。在蜕皮之后，它们的这种特殊能力就随之消失了。幼虫的趋光性就是我们所说的“精神胚胎”的力量，那么幼虫对光高度敏感的这一时期叫作蝴蝶幼虫的敏感期，儿童的敏感期也是一样。正如蒙台梭利所说：“敏感期是一种暂时的现象，是为了让儿童获得一种特殊的能力和品质，一旦儿童拥有这种能力和品质后，敏感期就会结束。”所以这个时期非常珍贵。当儿童进入某个敏感期，如同触发了生命预设的进化开关，他们会产生强烈的探索世界的激情，并且非常轻松地习得相关的技能。这种爆发式自我建构，恰似蝴蝶幼虫突然觉醒的趋光本能。

敏感期有三大显著的特点，即不知疲倦、反复操作和高度集中。当孩子进入某个敏感期后，他们会持续专注于某项活动，甚至废寝忘食。例如，处于语言敏感期的孩子可能会不断模仿大人说话，沉浸在语言练习中。他们还会对某一特定行为产生极大的兴趣，并不断重复。此外，敏感期的孩子往往注意力高度集中，能够专注于某项事物很长时间。

0—6 岁的儿童会出现大约 31 个敏感期。孩子的某种敏感期会在一个阶段出现，之后随时消失，比如 0 岁到 2 岁半会有口手、空间和时间、细小事物、模仿、自我意识的敏感期；2 岁半到 4 岁的儿童会有执拗、诅咒语言、占有、绘画色彩的敏感期；4 岁到 6 岁的儿童会有人际关系、婚姻、数学、拼读、音乐的敏感期等。

有些敏感期的发展会从 0 岁开始，一直持续到 6 岁。比如儿童的空间感知敏感期。1 岁左右的孩子喜欢把东西拿起来反复向下扔，或者把高处的东西推到地上来感知空间，还会开始喜欢寻找一些小洞，把一些东西塞到小洞里藏起来。再大一点的儿童会对狭小的空间感兴趣，他们经常会钻到桌子、椅子下面去玩耍。4 岁左右的孩子开始喜欢爬楼梯，甚至有的小朋友会喜欢倒着下楼梯，这时孩子对爬窗台、爬桌子、爬

栅栏都有很大的兴趣。而这个阶段过后，孩子开始喜欢从高处向下跳，他们是在用身体去感知空间有多大、多高和多远。当儿童发现自己能够承受这个高度时，他们就会不断探索更高的空间。同样是感受空间，孩子在不同时期的表现也是不同的，但这些行为都是儿童用身体对空间、对世界进行感知探索的过程。

孩子用整整六年的时间去探索和把握身体对空间的感知，这是孩子自我创造和突破身体、心理极限的过程，也正是这些体验决定了儿童未来对世界的探索能力。但遗憾的是，大多数父母在照顾孩子的过程中，会出于安全和他们的内在恐惧考虑问题，经常忽略甚至阻碍孩子做这样的探索，这就等于在破坏孩子敏感期的发展，会让孩子丧失探索世界的欲望和机会，这一损失是巨大的。这样下去天才就真的有可能成为庸才了。

在我的幼儿园里有一对 5 岁的双胞胎姐妹，她们在绘画和手工方面天赋异禀。她们的妈妈一方面为她们过人的动手能力高兴，另一方面为她们对数学没有一点兴趣而着急。老师告诉她们的妈妈不要着急，因为孩子的数学敏感期还没有到来。在她们 5 岁 6 个月的一天，姐姐突然对数学产生了兴趣，每天指着墙上的钟表让妈妈读上面的数字，数学敏感期悄然降临。一个月后，妹妹也出现了这样的状态，妈妈可开心了。

后来，姐妹俩很快就学会了加法和减法。更重要的是，因为她们对数学有着浓厚的兴趣，乐此不疲，所以学起来特别快。现在这对双胞胎已经是 4 年级的小学生了，她们仍然对数学有着浓厚的兴趣，成绩也特别棒。这正是因为她们的妈妈顺应了孩子敏感期的成长规律，并且在她们敏感期爆发阶段给予了她们充足的与数学思维发展相关的养分。

孩子的行为背后藏着成长的逻辑。当我们理解了精神胚胎和敏感期的作用，就不会再对孩子的“奇怪”行为感到困惑，而是能够顺应他们的成长节奏，给予合适的支持。当“蝴蝶幼虫”还在精神胚胎的驱动下奋力登顶时，我们需要灌溉和关照的其实是那棵他所依存的大树。

第三节

儿童大脑发展科学与养育的奥秘

在东京大学脑科学研究所的实验室里，一项双胞胎儿童的追踪研究发现了一个惊人现象：在相同基因条件下，接受不同教养方式、生活环境不同的双胞胎，他们大脑的前额叶皮层发育差异达到 27%。这个数字震撼了整个科学界，这些神经影像的数据足以证明：家庭教育正在以肉眼不可见的方式“雕刻”着儿童的大脑结构。当我们深入大脑皮层的褶皱，你会发现每个育儿瞬间都在触发儿童神经元的重组，你对孩子大脑发展的认知，正在决定孩子未来的人生轨迹。

家庭环境，尤其是家长的教育方式和情感支持，正是塑造孩子大脑结构的关键因素。斯坦福大学长达 30 年的追踪研究表明：童年时期获得优质神经刺激的孩子，在中年时期的前额叶皮层厚度仍保持显著优势。这并非“基因彩票”的结果，而是源于那些日复一日、精心设计的教养时刻的累积。因此，家庭环境中，养育者给孩子的生活环境、心理环境，每一个敏感期的把握程度，带给孩子大脑的刺激质量，直接决定了孩子大脑发育的方向。

这也意味着，家庭环境中的每个教育细节都会塑造孩子大脑的发育方向。婴儿的大脑具备极强的可塑性，它通过“神经可塑性”这一机制，不断地根据外部环境的刺激建立和重组神经连接。与许多哺乳动物不同，人类幼崽的大脑在出生时并未完全发育成熟。大部分动物在出生时就表现出一些本能行为，比如大象能快速站立、小鸡能迅速觅食等。虽然这些行为主要依赖于遗传本能，但同样也受到母体环境的影响。而人类幼崽的大脑此时正处于高度可塑的阶段。刚刚出生的小婴儿尽管大脑中储存着大量的神经元，但他们不能自主行动，因为此时的神经元作用并未完全发挥。只有神经元通过前端的树突和轴突的相互连接发挥作用，孩子的大脑才能逐步建构起复杂的神经网络。

婴儿的大脑从出生开始便在接受环境刺激的过程中逐渐丰富和完善。在这个过程中，神经元连接的数量和复杂度直接影响着孩子未来的认知和行为能力。婴儿期的每一个动作，每一次探索，都是神经元连接的重要时刻。这些细微的行为积累，决定了孩子的大脑发展轨迹。

那么，神经元的树突和轴突是怎样连接的呢？哈佛大学的研究表明：孩子每做一个动作，神经元就会连接一次，神经元连接得越多，越复杂，大脑就越聪明。这一过程发生在孩子的敏感期内，比如孩子手的敏感期、空间感知的敏感期等，孩子所呈现出来的抓、握、捏这些手指的精细动作就是在连接神经元。还有孩子的走、爬、跳、钻、跑这些大肌肉的动作也是在完成神经元的大量连接。也就是说，孩子动得越多，他们大脑中的树突和轴突就连接得越多，这个孩子就越聪明，身体就越灵活。这也可以充分证明：养育者对于孩子大脑发展规律的认知越高，给予孩子的允许、设计、互动越多，孩子大脑就发育得越好。

人类大脑在出生后的前六年会完成 85% 的发育，这段时间形成的神经连接，密度是成年人的两倍。蒙台梭利教育理论中提到，0—6 岁是儿童的吸收性心智阶段，他们如同海绵吸水一样自然，逐步地吸收他周围环境中的一切，把他听到的、看到的、感觉到的，几乎无条件地内化到他们的大脑中，为他们的最初发展奠定基础。

儿童的吸收性心智又分为两个阶段

·0—3 岁：无意识的吸收性心智

这个阶段家长经常会说："我发现我的孩子很会模仿。"这种模仿就是在吸收。成人做了什么，孩子很快就加以模仿。因为 3 岁之前他是不加判断地无条件吸收，不管好的坏的、对的错的。就像一架照相机，现在看到了什么画面，就"咔嚓"一下拍进去，全部存储进他的记忆里。他们会准确地吸收环境中的一切，去建构他们大脑神经元之间的连接。实际上，这是大脑神经元连接的开始，镜像神经元在构建孩子未来共情能力的神经基础。

·3—6 岁：有意识的吸收性心智

3 岁之后是孩子智力外向发展的时期，他们表现出一种外在的探索动机，目的是增长知识，发现新信息，更多地体验世界。孩子们开始主动并有意识地学习某些经验，并发展出有意识思考的能力。

在敏感期的驱动下，孩子表现出强大的自我意愿。比如数学敏感期，孩子会对数学、数字产生极大的兴趣，并反复操作；文字敏感期，孩子开始对文字感兴趣，不厌其烦地认识它，可以做到书不离手。他们也会通过双手来认识环境，通过重复做某些动作，增强自己的能力，更好地建构自己的大脑系统。比如，当父母允许孩子反复摆弄积木时，他的顶叶皮层就在建立空间认知的神经系统，他会知道：这个字我学会了，这个动作我学会了。这个时候，他就会开始有选择地去吸收。

经常听故事的孩子，上学后记生词的速度比其他孩子快30%。父母需要意识到，在你的教育意识下的每一个动作、每一句话、每个生活场景都是孩子大脑建设的“施工现场”。比如，亲子游戏时，大脑分泌的多巴胺会塑造孩子大脑的奖励系统，孩子面对挫折时的情绪调节也会改写大脑杏仁核反应模式。而孩子每天玩不同形状的积木，大脑就会不断绘制“形状地图”。就像手机须不停更新系统，孩子的每次尝试都在升级空间感知能力。

除了智力发育，儿童早期情绪管理系统的构建也同样重要。许多家长常常对孩子的情绪波动感到无所适从，实际上，儿童大脑的情绪管理系统就像未完工的双层建筑：底层原始情绪中枢，在出生时已基本成型，而上层的调节中枢（前额叶皮层）要到 25 岁才能完全成熟。这一发育时差导致幼儿、青少年常常陷入情绪风暴，而家长的应对方式会直接影响孩子大脑情绪回路的构建。

当父母用共情回应哭闹，孩子的前扣带皮层会启动情绪调节程序；若采取粗暴压制，则会强化杏仁核的应激反应模式。举个例子：小明画画时不小心把颜料打翻在地毯上，害怕地缩在墙角边。妈妈看到没有责怪，更没有发火，而是蹲下来轻抚孩子的后背关切地问："突然哗啦一声打翻，是不是自己也吓一跳？刚才心跳咚咚咚的像小鹿乱撞对吗？"小明点点头，眼泪还在眼睛里打转。这个简单的对话，正在悄悄改变孩子大脑的构造——就像园丁修剪小树苗，父母的每个反应都在塑造孩子大脑的"生长方向"。

当孩子出现情绪风暴时，教大家一个"三分钟情绪急救法"：

·三分钟情绪急救法

第 1 分钟：镜像神经元同步（模仿孩子表情）：

第 2 分钟：前额叶引导（给情绪命名）：

“这个生气怪兽是不是从肚子里钻出来的？”

第 3 分钟：边缘系统安抚（肢体接触）：

像给手机充电那样抱着轻拍，哼首孩子熟悉的儿歌。

这种干预能显著降低皮质醇水平，使其在 90 秒内下降 40%，同时促进催产素分泌，从而帮助孩子在情绪风暴中恢复自我调节能力。定期进行这种有益神经发展对话的儿童，他们大脑中的海马体体积增长更快，这是情绪记忆转化为心理韧性的生物基础。只是进行了对话模式的调整，很多家长说，仅仅三个月，孩子发脾气时间就从 20 分钟缩到 5 分钟。

最好的“补脑剂”，往往就藏在那些被我们忽略的生活片段里。下次当孩子又提出“无聊”问题时，当孩子把家里的锅碗瓢盆捣鼓得很乱时，请记得：这不是捣乱，是大脑在发送“成长信号弹”呢！当我们理解换尿布时孩子体内分泌的催产素正在强化依恋系统，讲睡前故事时激活的布洛卡区正在构建语言网络，我们就会明白：最好的早教不在培训机构，而在家庭日常生活中的每一个美好的时刻。这场静默的大脑革命，终将在时光中显现它改变命运的力量。

懂孩子大脑的“使用说明书”，每个家庭都能做到科学养育。

成人不过是守护者，

孩子自会在

与环境的互动中

破译生命的成长密码，

如同幼苗穿透土壤时，

大地只需保持松软与肥沃。

第四节

静候花开：支持不破坏，引导不控制

有一天一位妈妈气呼呼地找到我，说：“今天早上儿子拿剪刀把我的衣服剪了一个大洞，气死我了！”我看着这个愤怒的妈妈，笑着对她说：“您先别生气，我想问一下，您家里除了您的衣服还有什么东西是孩子可以剪的吗？”那个妈妈茫然地看着我，她不知道，孩子进入了“剪”的敏感期。

蒙台梭利说过一句非常经典的话：“儿童跟随自然、大人跟随孩子。”当孩子进入了某个敏感期时，我们应该为孩子做些什么呢？这时我们要为孩子准备与他这个敏感期相匹配的环境，也叫作“有准备的环境”。比如这位妈妈可以给孩子准备一些纸张和布料，让孩子尽情去剪，这就给孩子提供了一个很好的能力发展通道，而不是一味地去阻止他的行为。过一段时间，父母会发现这个孩子可能对简单的“剪”

没了兴趣，这时就可以在纸上画各种形状，孩子又会对剪出具体形状产生成就感。家长要做的就是帮助孩子将这种兴趣继续保持，把剪的这种能力发展到极致。

说到这里，你可能就明白了，原来孩子的行为都和敏感期有关。一个没有被过度干涉过的儿童，每时每刻都知道他自己要干什么，并会乐此不疲地去行动、探索，愿意克服困难。在这个过程中，如果家长能够接纳、允许和理解孩子的行为，并给予适当的指引，把这股成长的能量变成支持他发展的能量，提供孩子与他内在发展相匹配的外在环境，孩子就能很好地发展自己。不光大人会很轻松，更重要的是不管内在还是外在，孩子都会成长得很完善。

此外，我们还可以根据孩子不同的敏感期，为他提供各种有助于认知发展的活动。比如当孩子进入了音乐敏感期时，我们可以经常带孩子参加音乐活动，听音乐、看芭蕾舞、看各种时装表演等，这些美的欣赏会大大提高孩子对音乐的感知力，为孩子未来学习音乐技能打下很好的基础。比如让孩子学会照顾自己，自己穿衣，自己吃饭，学会照顾他人等。我们也可以根据孩子发展的关键期给他提供一些“工作”，比如穿珠子、拧螺丝、剪纸等工具类手工活。我们要准备好环境，让孩子去选择他自己感兴趣的事情，这样就能释放他的能量，帮助他更好地发展自己。如果我们能够抓住这些敏感期并协助孩子，他的成长就会事半功倍。可以说，孩子的敏感期就如同大树的树根，每一个树根都成长得又粗又壮，未来这棵大树就会长得枝繁叶茂。而家长要做的，是守护好这棵树苗，给予适当的养分，静候花开。

反过来，如果我们不懂或者忽略这些敏感期，可能就会认为孩子在故意捣乱，自然就会去阻止和控制他，甚至经常用成人的是非对错标准去评价和干涉孩子。比如有的父母为了不让孩子吃手或捡拾地上的东西，会给他穿一件袖子很长的棉袄或套上手套。这种看似爱孩子的行为实际上在阻拦孩子的发展，时间久了儿童心理会出现很多生病的迹象，如神游、依附、占有欲、权力欲、自卑感、恐惧等等。更可怕的是很多孩子会丧失对世界万事万物的探索欲，你看现在很多大孩子，对什么都不感兴趣，很多问题都出在儿童敏感期行为被禁止以及自我建构时期秩序感被破坏上。

这里需要提醒父母们注意的是，敏感期有一个特点就是过期不候，一旦错过就无法弥补。如果想抓住儿童的每一个敏感期，需要我们付出巨大的爱心、耐心、精力、时间去洞察孩子，并给予支持而不是破坏，给予引导而不是控制，这是养育孩子最正确的方式。我们去看幼儿园里的小朋友，会发现，如果老师不强迫孩子，给孩子一个轻松有爱的环境，他就会按照他内在的需求非常投入地去做一件事情。有的孩子只喜欢玩水玩沙，有的孩子只喜欢爬坡，周围多么有趣的活动都吸引不了他。如果这时成人强迫孩子做一些他不感兴趣的事情，比如孩子喜欢用手指抠洞、玩水，成人却严厉地禁止孩子，他就会大哭大闹，和成人对抗。这真的是孩子不听话吗？

敏感期的孩子在“精神胚胎”的驱使之下去行动、探索、发展自我，倘若你要求孩子静坐不动，禁止他们触摸、探索，强迫他们按照大人的意愿行事、学习，这就会在孩子的内在形成一股冲突的能量。好比汹涌的洪水，智慧之人会在低洼之地，自高向低挖掘一条渠道，将洪水引走，从而解决问题。倘若我们仅仅修筑一座堤坝，试图阻挡它，终有一日，洪水会冲垮堤坝。当我们忽视儿童自我发展的需求，只一味要求孩子听从我们的意愿行事时，我们实际上是在与孩子的精神胚胎抗争。性格外向的孩子可能会以哭闹、抗争的方式表达不满，而性格内向的孩子则可能会陷入痛苦与悲伤之中。有的孩子甚至会通过搞破坏、做恶作剧等方式来发泄内心的压抑。这时，我们大人往往会感到更加崩溃。孩子的这些表现，其实是因为他们的能量没有得到恰当的引导，最终如同洪水冲破堤坝一般，这股成长的能量转成了破坏性的力量。

敏感期是儿童成长过程中的重要阶段，是他们探索世界、发展自我的重要时期。家长应当理解并接纳孩子的敏感期行为，为他们提供一个有准备的环境，满足他们的内在需求。同时，也要避免过度干预和限制孩子的行为，以免破坏他们的敏感期发展。因此，针对不同敏感期中孩子的特性，采取相应的教育方法，是每位家长不可或缺的养育智慧。

cola

第二章

身体与感官

这正是儿童生命
区别于成人之处：
成人凭借知识与理智理解世界，
而儿童则通过亲身经历
和直观体验
将外界环境内化为自身认知。

第一节

抓抓抓 捏捏捏

——唤醒身体的“第二大脑”

在儿童的成长过程中，每一个敏感期都是独一无二的，这些生命中的珍贵瞬间，悄然发生，却又深刻影响着孩子的未来。手的敏感期，作为儿童早期发展的重要一环，更是承载着无数探索与发现的奇迹，引领着孩子们一步步迈向更加宽广的世界。

婴儿出生后，他们总是乐此不疲地尝试着将手举向空中，一次次地重复这一动作。当他们成功地将手指送入口中时，脸上会绽放出满足的笑容；若未能如愿，他们便会坚持不懈地尝试，甚至在被外界阻碍时还会委屈地号啕大哭。那份坚持与执着，令人忍俊不禁的同时，也让人深感生命的奇妙与伟大。在这个过程中，宝宝可能会因急躁而哭泣，但更多的时候，他们是在默默地、坚定地探索着这个新奇的世界。这一切，都是出于生命的本能，是他们在试图唤醒自己身体的另一个重要部分——手，这个未来将会陪伴他们探索世界的“第二大脑”。

·精细化动作：大脑发育的隐形推手

我们常常说：“告诉我，我会忘记；看到了，我会记住；让我做，我才会明白。”这句话在孩子探索世界的旅途中，得到了淋漓尽致的体现。孩子出生时，唯一能自如控制的动作是转动头部，这种转动是由他对口的自主控制引导的。对于婴儿乃至所有生命体而言，进食是最基本的需求，是生存的基础。婴儿通过口的吸吮动作，将手放入口中成为了一种持续性的习惯，这带给他们极大的满足感。经过无数次的尝试与练习，口的吸吮动作不仅满足了婴儿的进食需求，更促进了手的觉醒和发展。在婴儿不停吃手的过程中，“做”这一行为被充分激发，人生的体验也随之开始。这个让家长头痛的“坏习惯”，实质上是生命本能蕴藏的强大与智慧，这是孩子在发展他们手的能力，他们尝试用手来探索世界，这甚至是婴儿的一种思考方式。

家长们会发现，宝宝的吮吸行为并不总是出于饥饿，它在“吃手”这个过程中被赋予了更多的意义，并发挥了更多作用。虽然这个过程看似缓慢且不起眼，但它对孩子未来的成长和发展却有着深远的影响，它标志着孩子的心理发展进入了一个新的阶段。

随着时间的推移，我们会发现宝宝对手的控制力和准确性在这一过程中得到了显著提升，手部动作变得越来越迅速和准确。有时，在抱起宝宝时，他已经能够迅速抓起东西放进嘴里，这与之前手无法准确放入口中的情况形成了鲜明对比。当宝宝开始四处抓取东西往嘴里放时，他会表现出对某些物品的偏好。他会抓起、松开，再抓起、再松开，有时甚至会反复抓住同一物品，用五指一起抓握。这种抓握和释放的方式，正是他手部动作发展的体现。

几个月之后，可以察觉到孩子已不再是当初那个随意抓取一切的小手探索者，他学会了巧妙地运用拇指与食指，轻轻捏起如毛线头、小纸片等细小的物品。这些被他精心挑选的小物件，往往会成为他口中的“新宠”，有时一个不注意，他的小嘴已被自己塞得满满当当。

再往后数月，孩子对手中物品的形状有了更深的认识，方形物体会被按下，圆形物体会被旋转。随着他步履蹒跚地在家中四处探索，每个房间都变成了他的“小小探险场”。他会将容器中的物品倾泻而出，又尝试将外界的物品塞入，甚至还将它们“迁移”至家中的另一处，在父母面对凌乱的房间崩溃时，他们却享受着这份创造的乐趣。

随着孩子月龄的增大，手的动作愈发细腻，他甚至能仅凭一指之力，准确无误地完成一些精细的任务，开启成长的新篇章。

差不多到8—9个月，他们就开始非常喜欢抓捏软的物体。孩子会用手抓果酱、面条儿、稀饭、炼乳等等。坐到餐桌前的时候，孩子喜欢吃饭时用手抓饭、玩饭，去体验那种黏乎乎的手感。到12个月时，有些宝宝能五指并用，翻书本儿；13到18个月，可以搭积木，搭一些比较矮的立体事物；19到24个月的时候，小手更为灵活，喜欢玩橡皮泥，手眼协调能力更强，能熟练地玩穿珠等游戏；25到30个月，能搭一些具有空间感的物体，能模仿画画；31到36个月，会画一些简单的图形和填色，能将纸折成三角形、正方形等。

·藏在“破坏性”动作背后的自我意识

随着手部动作的发展，孩子会开始喜欢扔东西、摔东西。这看似破坏性的行为，实则是孩子在通过反复的实验来验证手的力量、物体的重量以及空间的距离感。从最开始无意识的“扔”到10个月后有意识地扔任何抓到的东西，再到2岁开始将扔东西当作一种好玩的游戏。3 岁以后，这种对空间的探知又会有其他表现了，如转圈圈、爬窗台、钻箱子、搭积木等，这是孩子自我意识的体现。

婴儿刚刚出生的时候，以为自己和世界是一体的。直到 10 个月左右，当他不断将手中的皮球、纸巾、玩具书扔出去以后，会逐渐发现自己与这些物品原来是分开的，这时，他开始萌发基本的自我意识。扔东西需要足够的抓握能力和投掷能力，在不断扔东西的过程中，他会发现自己有“本事”让玩具飞出去或发出声音，会很有“成就感”，并深深地被自己的本事和这种成就感吸引，乐此不疲地重复这一动作，进而表现出强烈的“我要”的自我意识。

在养育过程中，很多家长很烦恼：“我的孩子怎么老抓人，还动手打人呢？”这种情况其实是儿童进入手部敏感期之后一种很常见的现象。

当孩子们步入手部敏感期，他们会经历一个显著的抓握发展过程：从最初的不分你我一把抓，逐渐过渡到有选择性地三指抓，直至精细到两指捏取。然而，伴随这一过程而来的，往往是孩子们因探索欲望强烈而不经意间出现的抓人、打人行为。这不仅仅是手部动作的简单重复，更是他们智力发展的一个重要表现。

还有一种不可忽视的情况是：孩子可能会通过打人或抓人来表达自己的情感或需求。这通常发生在他们尝试与其他孩子交往或面对陌生环境时。这些行为并非出于恶意，而是孩子社交能力尚未成熟的表现。许多成人由于缺乏对这一敏感期的认识，往往不自觉地给孩子们设置了诸多限制，这不仅剥夺了他们使用双手的自由，也无形中剥夺了他们通过触摸感知世界、学习新知的机会。

儿童

对细微事物的兴趣，

是对无垠宇宙的

探索预演。

第二节

看，这里有只蜗牛

——微观世界里的知识体系

我们深知，一粒种子成长为参天大树需要历经数十年的光阴，一枚鱼卵发育成鱼同样需要漫长的日月。同样地，一个婴儿成长为成年人，也是一个复杂而漫长的过程。从宝宝呱呱坠地的那一刻起，他们便对这个新奇而陌生的世界展开了探索。然而，他们的探索并非始于宏大的事物，而是从对微观世界的认知与了解开始。

孩子们会很喜欢在下雨天去寻找蜗牛，在树下去捡花瓣。哪怕是在茂密的草丛当中，他们也能精准地找到自己想要的东西，这与忙碌的、感觉已经麻木的成人形成了鲜明的对比。忙碌的成年人常常会忽略周围环境中的细小事物，但孩子却常能捕捉到。这正是儿童生命区别于成人之处：成人凭借知识与理智理解世界，而儿童则通过亲身经历和直观体验将外界环境内化为自身认知。

在此阶段，孩子们通过细致观察与亲手触摸，借助人体的眼、耳、鼻、舌、手脚等感官，由初步的感觉提升至大脑的综合知觉，于是，孩子的认知过程便悄然启动。他们在成长的岁月中不断积累这些通过亲身体验获得的知识，并逐步将这些知识与外部世界相匹配，进而构建起一套完整的知识体系。

·当孩子爱上小世界

孩子的世界充满了趣味与新奇。1 岁左右的孩子可能会对毛衣上的一个小绒球表现出极大的兴趣，仿佛发现了未知的新世界，不厌其烦地进行探索。我曾观察到，即便是一个仅 3 个月大的婴儿，也会聚精会神地盯着被子上的小图案。更有孩子热衷于用小手抠挖地缝中的物品，或是捡拾地面上各种微小的东西，一粒绿豆般大小的石子、一根细小的线头、一片指甲盖大小的纸屑，都能深深吸引他们的注意力。这标志着孩子已步入关注细小事物的敏感期，越是细微的事物越能激发他们的好奇心与探索欲。对于这个阶段的孩子而言，“小事”即“大事”！

一般而言，1 岁半至 2 岁的孩子开始进入细小事物感知的敏感期，部分孩子会持续至 4 岁。值得注意的是，孩子对细小事物感知的敏感期与口手敏感期往往是相互重叠的，他们经历了口和手的敏感期后，便学会了如何利用口和手去认识身边这些细小而具体的事物。处于此敏感期的孩子，其主要行为特征便是眼中似乎只有小东西，越小的事物越能吸引他们的目光，他们的眼睛仿佛变成了放大镜，任何微小的存在都逃不过他们的注意。例如，地上爬行的一只小蚂蚁、衣服上的一个毛球或线团、床上的一个小斑点，这些不起眼的事物都能引起孩子极大的兴趣。对于孩子而言，观察和抓、捏细小物品的过程，不仅有助于发展他们手部肌肉的灵活性和手眼协调能力，同时也为日后精细动作的发展奠定了基础。此外，这一过程还能给孩子带来巨大的心理满足和情感愉悦。

一个 16 个月大的小男孩，正津津有味地玩着一个色彩鲜艳的卡片，并不断地拿给阿姨看，同时指着图片模仿汽车发出“嘀嘀嘀”的鸣笛声。阿姨误以为孩子想让她看汽车图片，便在孩子手中的卡片中寻找，但找了许久也未发现汽车的踪迹。然而，孩子却固执地拿着一张卡片对阿姨说“嘀嘀嘀”。阿姨仔细观察后才发现，那张卡片上画着一名猎人，带着一条狗，背景远处有一座小屋和一条表示道路的黑线，而线上有一个小黑点。男孩兴致勃勃地指着那个小黑点，嘴里继续发出“嘀嘀嘀”的声音。这时，阿姨才恍然大悟，原来小黑点代表的是一辆正在行驶的汽车。

在这个年龄段，孩子们往往难以注意到整体的大画面。若以我们成年人的视角去看，这个小黑点几乎难以察觉，我们往往不会刻意去关注它。然而，这个容易被我们忽略的小黑点，孩子却能轻易地发现，并对它产生浓厚的兴趣，乐此不疲地反复向阿姨展示自己的发现。

我们知道世界上的万事万物都要遵循一定的规律去发展，儿童的认知过程也不例外。对于孩子来说，成长和学习的过程同样要遵循从小到大、由浅入深的规律。想要了解宏观的世界，就必须先从微观入手。孩子们自然而然地顺应了这一规律，他们的观察视野往往首先投向那些细小的、非物品的事物，越是微小的东西越容易引起他们的关注，这些似乎构成了儿童幼年世界的一个微观小宇宙。

·在小世界里助力孩子构建大宇宙

进入细小事物敏感期后，孩子会对那些微乎其微、常被成人忽视的小东西产生浓厚兴趣。通常，我们大人认为孩子只对外表华丽、色彩鲜艳的物品感兴趣，对响亮的声音敏感，因此常用类似物品来吸引孩子的注意力，如发出响声的鞋、色彩鲜艳的玩具等。实际上，这些物品不仅对孩子无益，还可能阻碍孩子的发展。当孩子年龄超过 1 岁后，他们逐渐不再对漂亮的物体和色彩鲜艳的东西产生浓厚兴趣，而是转向身边所有的小东西。他们学会了如何利用口和手去认识这些细小的、具体的事物，通过观察一只小蚂蚁、一颗小豆子、一枚小贝壳、一个蜗牛或一片落叶来探索世界。

儿童发展的真相在于他们对什么感兴趣，就会在那个领域得到发展。因此，外在的强烈吸引力只是表象，对于处于探究阶段的孩子而言，这些是远远不够的。因此，作为父母，我们应尽可能在这个时期为孩子提供一个允许和鼓励探索的环境。如果孩子对泥土里的小昆虫或衣服上的细小图案产生兴趣，那正是培养孩子细心、认真的品质，促进孩子大脑发展的最佳时机。我们应允许孩子进行微小事物的观察，当孩子全神贯注地进行“观察工作”时，我们不要轻易打断他们，而应给予足够的时间让他们去观察和思考，这有助于培养孩子专注的品质，保护他们的观察兴趣。我们甚至可以为孩子准备一把放大镜，让他们更清晰地观察小虫和小植物。在鼓励孩子发展的同时，我们应遵循“不破坏、不打断”的原则，也不必过于担心卫生状况。

当孩子的细小事物敏感期被家长干预后，他们可能会表现出一种弥补的状态。例如，有一个叫鹏鹏的小朋友，到了大班时特别喜欢捡烟头，无论是在大街上、走廊里还是楼道里，只要看到烟头就想捡。他的妈妈对此感到十分困惑，经过提醒，他的妈妈回忆起小时候她是不允许孩子捡拾地上的小东西的。这其实就是家长在不经意间干预了孩子的发展，从而使孩子做出了这样的弥补行为。很多家长都会发现孩子存在一些令人烦恼的问题：例如，孩子在学习上特别马虎，经常将“b”写成“d”；小数点经常点错位；写字时容易缺偏旁，少部首，加减笔画；做数学题时容易遗漏数字，看错题目；等等。当孩子出现这些情况时，家长通常都会感到焦虑，并会训斥孩子。

但如果我说，出现这些情况并非孩子的过错，家长们可能会感到惊讶。的确，问题并不在孩子身上，而是家长在孩子细小事物敏感期内的过度干预，导致孩子的分辨能力发展不够完善，缺乏对细小事物细微差别的辨别能力。因此，孩子在做事时很难做到认真和细致，容易因为粗心大意而吃亏。

从一颗沙粒到一片雪花，儿童用微观视角构建着对世界的初级认知。正如蒙台梭利所言：“儿童对细微事物的兴趣，是对无垠宇宙的探索预演。”放下对“脏”的焦虑，给孩子一把放大镜、一方沙池和足够的信任。他们的眼睛，终将带我们重新发现被忽略的奇迹。作为父母，我们需要思考的是如何根据孩子的特点去协助他们更好地发展，如何提前为孩子创造一个相对安全、卫生的探索环境，以免细小事物敏感期的孩子没有得到妥善引导，导致孩子将来做事难以认真和粗心大意等现象发生。

第三节

我不想上厕所

——自我管理第一课

有家长反映，孩子进入三年级后突然开始尿床，还有的孩子突然出现了憋大小便的行为。更有甚者，一名初二年级的男生持续尿床，其父母对此采取打骂的方式，并带着孩子四处求医，甚至限制孩子饮水。家长们似乎认为孩子的大小便理应能够自主控制，因此对孩子的这些问题感到困惑不解。其实，这些问题皆源于孩子肛欲敏感期发展的缺失。

许多父母对孩子的肛欲期一无所知，遇到此类情况总是用成人角度看待孩子的成长行为，而不懂得也不愿站在孩子成长的角度去引导孩子。有些孩子在经历肛欲期时，肛欲期的发展进程因父母的无知而被破坏，导致肛欲期发展遭受极大挑战，有的孩子几年都陷入尿裤子、大便在裤子里的尴尬与痛苦之中。因此，父母应了解应对孩子肛欲期的原则和方法。

或许你会发现，孩子在 1 岁半左右时已能自行上厕所或知晓上厕所的时机，但到了快 2 岁时，却突然频繁出现尿裤子、拉裤子的行为，这便是肛欲期的重要发展阶段。

在人类内在的发展过程中，控制大小便的技能是不可或缺的一环，这一技能会伴随我们一生。孩子成熟的排便控制系统需要经过一个逐步发展的过程。以小便为例，从膀胱充盈的信号传递至大脑，大脑再发出前往洗手间的指令，直至在洗手间完成排便，这一系列看似简单的动作，对于 1 到 2 岁的孩子而言，实则相当复杂。

人的大小便控制系统在 6 岁前逐渐趋于完善，这一过程历经四个阶段：

第一阶段：生物本能期（0—1 岁）

我们可以将膀胱比作一个水杯，其上方有一个括约肌，宛如水杯的盖子，起着开关的作用。这一阶段括约肌如未盖紧的水杯盖，膀胱充盈即自然排泄。孩子刚出生时，这个“开关”——括约肌，尚未发育成熟。因此，当膀胱充盈时，孩子会自然而然地排尿，这通常发生在 1 岁左右，表现为频繁地尿裤子或尿床。

第二阶段：神经发育期（1—1.5 岁）

随着孩子膀胱的充盈，括约肌这一小肌肉受到刺激并逐渐成熟。当尿液充盈膀胱时，神经系统会将这一信号传递给大脑，随后大脑向身体发出排尿的指令。这一系列反应最终形成了个体对小便的自我控制机制。

第三阶段：肛欲探索期（1.5—3 岁）

在这一阶段，孩子开始探索膀胱的最大容量，以及身体在何种感觉下会达到无法再憋尿的临界点。这一过程与我们在特定场合（如上课或开会）中迫切想要上厕所的需求相似，即感受到何时无法再忍耐并必须采取行动的临界点。为了寻找这一临界点，孩子可能会经历憋尿直至无法忍受而尿在裤子里的过程。此阶段，孩子会想憋尿、憋大便，然后突然释放，以此体验全身心的欣快感。伴随这种欣快感，孩子还可能出现面红出汗、全身紧张，甚至颤抖、表情痛苦的状态。这是孩子获得性体验的一种表现。有母亲曾述说，其女儿 3 岁前都会自己前往卫生间大小便，但最近一个月却出现憋尿行为，每次憋尿都躲在客厅窗帘后，夹紧双腿，表情紧张且满脸通红、满头大汗，不让家人靠近。若家人抱她前往洗手间，她便会大哭。其实，孩子不让家人靠近，是出于生命本能的羞耻感，此时应尊重她，切勿强行抱至卫生间或责骂，以免破坏孩子的自尊心。

精神分析学家弗洛伊德认为：“儿童时期生殖系统尚未发育完善，儿童时期的性兴奋多表现在与生殖系统邻近的泌尿系统方面。”在此阶段，孩子的情况多与性兴奋有关。随着孩子逐渐长大，找到其他获得性快感的方式后，这种行为会自然消失，故请家长勿焦虑。

第四阶段：调整适应期（3—6 岁）

在这一阶段，孩子学会了识别憋尿即将到达极限前的微妙感觉，这种感觉为他们提供了足够的时间找到洗手间并解决问题。从最初的无序大小便行为，到能够控制大小便并用语言表达需求，再到肛欲期时的憋便行为以探索临界点，直至最终能够准确识别憋尿感觉并及时前往洗手间，这一过程体现了孩子大小便控制系统的逐步完善。

因此，儿童的大小便自我控制能力需历经上述四个发展阶段方能发展完善，成人需具备充分的耐心，静待孩子大小便控制能力发展成熟。

·避免过度干预儿童排便控制

在我们的文化背景下，儿童的大小便控制系统往往最易受到成人的不当干预而受损：一是在第二阶段，成人对儿童强行把尿；二是在第三阶段，成人对儿童尿裤子行为的不接纳与呵斥责骂。

记得幼儿园门口曾有一位爷爷，每日带着孙子在幼儿园门口散步，一手持水瓶，一手携尿瓶，每隔二十分钟便让孩子饮水几口，再过二十分钟，又让孩子排尿几滴。成人如此频繁的提醒或要求孩子大小便，实则干扰了孩子自身排便控制系统的发展，对其造成了极大的破坏。

被强行把尿、频繁提醒或要求解便的孩子，其排便反射往往由成人的指令所控制，而非孩子自身的神经反射。当外界指令不断向孩子发出时，孩子便会遵从这一外界指令。一旦无人提醒或把尿，即便膀胱充盈，孩子也可能不知前往洗手间排尿。

若孩子自身控制大小便能力发展滞后，无法自主大小便，易成为同龄人的异类，进而遭受成人的指责与小伙伴的嘲笑，严重损害其自尊心。此时，孩子的人格建构亦可能受到破坏。每个敏感期被破坏后，孩子定会寻找机会进行修复，以弥补生命本能的发展。

有一个永恒的法则：在发展中被耽误的生命本能会寻找时机重新发展和建构。由于排便控制系统功能是人类生命中必须完善的基本功能，一旦受损，生命本能便会自行启动修复过程。孩子年龄越小，修复的机会越大，也越容易修复。但若在修复过程中父母不断干涉与影响孩子，肛欲期将无限期延长，修复过程也会变得漫长而艰辛。有一个案例：一名女生住校期间尿裤子，30 岁时仍出现尿床现象，一直不敢谈恋爱、结婚，最终选择自杀，走上绝望之路。

由此可见，父母须有足够的耐心，给予孩子足够的时间来完成修复过程，并在修复期间采取具体方法帮助孩子。正确的处理方式是：每当孩子出现尿裤子、拉裤子行为时，父母清理干净即可，无需过多说教，以免给孩子增加无形压力。父母应为孩子出现的修复行为感到欣喜，这是上天给予父母修正曾经错误的机会，善待孩子此时的行为便是救赎自己。

第四节

我还要去玩沙子

——自然里的能力拓展

为什么孩子会对玩水、玩沙表现出浓厚的兴趣？哪怕弄得浑身是泥、衣服湿透，却依然乐此不疲呢？请各位家长思考一下，对于沙和水，孩子究竟怀有怎样的情感？至少对于成年人而言，这些东西既不卫生，又容易误食。然而，对于孩子来说，沙和水却是天然的玩具，是他们创造力的源泉。

其实，人类对水的亲近和热爱是与生俱来的，这种情感深深地刻在我们的基因里。想想胎儿在妈妈肚子里的时候，就浸在妈妈的羊水中，孩子出生后，就更离不开水了。小婴儿在洗澡时总是最快乐的，他们的小手不停地拍打着水花。看见水，孩子就会露出开心的笑容，似乎玩水是他们与生俱来的最大爱好。但是，如果你认为孩子玩水、玩沙仅仅是在玩耍，那就太片面了。大人喜欢水或许只是出于一种简单的喜好，但孩子的喜欢却有其独特的意义。因为孩子的每个敏感期都有其特定的使命，都是在协助他们完成某种发展任务。

·自然游戏与儿童发展：从沙水到思维

水是无色无味的，它可以以气体、液体或固体的形态存在。它可以是浩瀚的大海、奔腾的河流，也可以是静谧的冰川、飘落的雪花。水有形又无形，可以变幻出各种形态。对孩子来说，它既神秘莫测，又充满魅力。沙也有与水相似的特性。当水和沙相遇并融合在一起时，就会发生奇迹，因为它们能变换出无穷无尽的形态。在幼儿园里，当一群孩子脱下鞋子，光着脚丫踩在沙子上时，他们立刻就像变了一个人似的。他们变成了魔术师、建筑师，因为沙和水带来的空间感、流动感为他们营造了巨大的想象空间。孩子们灵光乍现，想出了各式各样的玩法，甚至是一些奇思妙想。他们开始忙碌起来，既专注又随意。不一会儿，水渠、城堡、楼房等作品就被他们轻而易举地建造起来了。这对孩子来说真是太奇妙、太快乐了。

孩子的学习方式与我们成人截然不同，他们的学习必须从感官体验开始，而沙和水恰好能为孩子提供独特的感官刺激。在玩沙的过程中，孩子的手会接触到不同质地、温度的沙子，如干沙、湿沙，粗沙、细沙，以及白沙、黄沙等。同样，水也有凉水、温水、热水之分。这种触摸和刺激能使孩子的感觉、感知系统变得更加灵敏。此外，人的足底分布着丰富的末梢神经，当孩子赤脚玩耍时，末梢神经被刺激，通过中枢神经的反馈作用，促进大脑的发育，如提高大脑的思维灵敏度、增强记忆力等。而这些感官刺激更为重要的作用在于促进孩子精细动作的发展。在玩水、玩沙时，孩子会用手去抓，用工具去挖、去拍打，这些动作需要大小肌肉的充分协调配合。虽然这些动作在我们成人看来似乎很简单，但对于正在发展中的孩子来说却是一个不小的挑战。这些动作能有效地锻炼孩子的手部肌肉力量，使他们的手眼及身体更加协调。而这些精细动作的发展又能促进孩子大脑神经系统迅速成长，神经元在此过程中得到大量连接，连接的神经元越多，孩子就越聪明。这也就是我们常说的“孩子越玩越聪明”的原因。

在玩耍中，孩子不仅能学习到沙和水的知识，还能发现它们的特性。例如，干沙子是松散的，而湿沙子可以被捏合在一起；孩子们甚至能在沙堆里掏个洞，从而明白沙水混合后具有支撑作用。又如，水看上去是透明的，但放入糖后，糖会逐渐消失；而把沙子放进水里，沙子仍会留在水中。这些现象都会激发孩子的好奇心，促使他们去探寻事物之间的联系，为未来的学习奠定基础。好奇和兴趣是孩子学习的最佳动力。只要家长愿意借助家庭环境与孩子互动，就能发展孩子的多种认知能力。

此外，在玩耍中，孩子的语言能力也能得到极大的提升。孩子们不仅会互相分享自己的发现，还会自然而然地进行合作。例如，一个孩子做了一个蛋糕，另一个孩子堆了一个城堡，他们还可以共同建造一个兔子窝，并一起编故事，如大灰狼要吃小兔子，大家一起想办法挖个洞让大灰狼掉进去。这些游戏中的合作不仅能让孩子感受到自我控制的乐趣，还能让他们体会到合作的快乐。当几个或一群孩子在一起合作时，他们会在游戏开始前建立规则，学会控制自己不合理的

需求和动机，懂得妥协，并自觉遵守游戏规则。在这个过程中，他们逐渐领会到公正、合群、协作、耐劳等品质的重要性，并发展出自制力、坚持力、自觉力等意志品质。你看，一个简单的玩水玩沙游戏，就能让孩子的思维能力、想象能力、创造力、语言能力、情感能力、人际交往能力同时得到促进和发展。

曾有一些医学案例和研究机构的研究表明，对于患有自闭症、抑郁症的孩子来说，如果家长愿意投入大量的时间陪伴他们玩水、玩沙，就有可能帮助他们恢复正常。这是因为孩子在玩水、玩沙的过程中能够很好地整合甚至修复他们的大脑。这就是孩子成长的秘密。从心理学的角度来看，孩子们看似在玩耍，但这些活动从本质上大大满足了他们内心的需求。玩水、玩沙其实是孩子实现心中所想的一个过程。例如，孩子会带上心爱的玩具，把它们放在沙子里或沙子上，搭建公园、建造小区等，这些都是孩子自己做主的事情。孩子会随心所欲地发明出很多不同的玩法并轻松实现，从而在他们身上悄无声息地产生人类生命底层所需要的成就感和价值感。此外，这些活动还能帮助孩子建立自信。一个人的自信一定是在实践的过程中，在做的过程中，通过相信自己能做到而建立起来的。而这样的“心想事成”能让每一个孩子都充满自信。

·自然带来的免疫力

这些源自自然的活动，确实让我们的孩子深深着迷，这是游乐场无法给予的创新体验和发展机会。虽然游乐场里配备了豪华的游乐设施，但自然中的水、沙更能吸引孩子们的眼球，促使他们获得更大的成长。或许我们成人根本无法体会孩子的世界和他们的快乐，我们总是以讲卫生、危险、弄湿衣服会生病、总是玩会浪费时间等理由去约束孩子。在一次课堂上，我曾询问过一位爸爸，是否允许孩子玩水、玩沙。他回答说不允许，并表示如果孩子这样做，他会打孩子，甚至掐孩子的脖子，让孩子记住不能再玩。这位爸爸还是一所培训学校的校长，他不仅给孩子带来了身体上的疼痛，更遗憾的是，他粗暴地抑制了孩子的发展。

如今，许多孩子面临着身体和心理上的疾病，如体弱多病、多动症等，这些问题多源于孩子脱离了大自然，被人为地过度干预。例如，当孩子体弱多病时，家长不是带孩子到户外进行运动，而是选择带孩子去按摩，试图借助外力来增强孩子的免疫力，而不是去激发孩子自身的免疫力，错误地认为这就是爱孩子。甚至为了让孩子好好学习，一些家长一直把孩子圈在家里，让孩子不是看电视就是去补课。处于这种无聊且远离自然的生活中，孩子又怎能拥有充足的生命力呢？

这样的孩子长大后，往往只会沉溺于手机中。那些内在没有被整合好、生命没有被激活的孩子，只能依赖手机来消磨时光。因此，我们看待孩子，一定要遵循孩子的发展规律，尊重他们在成长中与自己内在各个部分的连接和整合。而人类追寻幸福生活的能力，就来源于我们在成长的过程中，内在是否构建得完整。如果我们只强调认知，孩子的生命必定是僵硬的、缺乏感知力的，更会在许多方面发展不足。这样的孩子长大以后，他们的内在就会处于一个残缺、不完整的状态，这难道不是一个值得深思的社会问题吗？

正如著名心理学家、生理学家、高级神经活动学说的创始人巴甫洛夫所说：“儿童 3 岁后的差异，成人 30 年的追赶都难以逾越。”对于生长在高楼林立、缺乏集体环境和自然环境的现代宝宝来说，早期教育尤为重要。可以说，大自然就是孩子的一个大课堂。允许孩子玩水、玩沙，是对生命成长的极大尊重，更是父母陪伴孩子的一种理想方式。所以，让我们一起带着孩子走进大自然，让孩子尽情地玩耍吧。在玩耍的过程中，构建孩子的内在世界，激活孩子生命底层的能量。

第三章

自我与他人

孩子在意识上

最早的分离

是通过语言来实现的,

孩子开始有意识地划分

“我的”与“你的”

之间界限的直接表现

就是向外界说“不”。

第一节

我不吃，我不睡

——自我意识的初次觉醒

自我意识敏感期，亦被称作孩子的第一反抗期，这一时期的孩子常令家长备感头疼。我们会观察到，孩子仿佛自某一时刻起，不再如往日那般乖巧顺从，对大人的指令不再全盘接受，而是开始频繁地说“不”，表达“我”的想法与意志，逐渐意识到哪些行为可由“我”自主决定。若遭遇不顺心之事，孩子甚至会大哭大闹，自主性空前高涨，展现出一种以“自我为中心”的姿态。

·自我概念的建立：接纳孩子的“叛逆”

此阶段的主要表现是孩子频繁拒绝：不吃饭、不睡觉、不喝水、不愿上厕所。众多家长对此深感苦恼，尝试以道理劝导，却往往收效甚微。继而转为训斥，孩子则反应更为激烈，家中因此常陷入一片混乱。实则，当孩子表现出此类行为时，即标志着其自我意识已开始萌芽。

自我意识敏感期通常在孩子 1 至 2 岁时初现端倪，最初阶段集中于 2 至 3 岁，部分孩子可延续至 5 岁。所谓自我意识敏感期，即孩子对自我认知的形成过程。新生儿时期，孩子尚未形成自我意识，他将自己与母亲、世界视为一体。但随着年龄的增长，至 2 岁左右，孩子逐渐意识到“我”的存在，认识到“我”与外界的界限。这标志着孩子自我成长的启程。实际上，孩子自 0 至 18 岁的成长历程，是一个不断自我建构的过程。

孩子在意识上最早的分离是通过语言来实现的，孩子开始有意识地划分“我的”与“你的”之间界限的直接表现就是向外界说“不”。他们起初并不理解“不”的含义，只是通过这种表达方式来构建“自我”的概念，以此强调自我与他人的差异。此时的“不”，蕴含着一种能量，是孩子体验自我至高无上地位，乃至与外界进行反抗的能量。正是这个“不”，让孩子感受到自己与他人的不同。

如果我们询问孩子：“我们穿袜子好吗？”或者“你要去哪里玩呢？”“该到睡觉时间啦！”“你要不要吃水果啊？”

孩子回答“不”时，大人们无需为此苦恼不已。

其实，这些现象并非全然负面，懂得拒绝反而能更好地保护孩子的个性。然而，家长和老师往往不容孩子说出“不”，若我们强行压制孩子，可能导致孩子变得胆小，不懂得拒绝他人。在日常生活中，我们也常遇到不懂得合理拒绝的小朋友，例如，有的孩子不希望别人玩自己心爱的娃娃，却不知如何表达拒绝，只能眼睁睁看着娃娃被其他小朋友抛来抛去，最终只能自己难过、大哭或求助老师和父母。对于年龄稍大的孩子，即使他们觉得向别人扔纸团不对，但当看到其他小朋友都这么做时，他们也可能放弃自己的立场，加入其中。因此，无论是成人还是孩子，说出“不”都需要一定的勇气。

当我们对孩子的“反叛”行为给予更多的接纳和允许时，

在这种持续的发展和深入的重复中，在自然法则的引领下，孩子将逐渐构建出一个完整的自我，并在此过程中不断形成自己的人格。在人格形成的过程中，会建立和派生出优秀的个人品质，如专注力、意志力、勇气等。一个人内在最核心的部分往往在这个时期形成。可以说，自我意识敏感期是孩子生命中极为重要的一个发展阶段。

·自我意识的健康构建

面对孩子说“不”，父母此时的接纳与允许将极大地促进孩子自我意识的健康构建，使孩子的人格发展出勇敢、坚定的品质。可以说，孩子未来成为什么样的人，是否强大，是否具备出色的能力，首先取决于其自我意识的发展状况。如果孩子在自我意识敏感期未能得到良好的发展，甚至被父母剥夺了表达自我的机会，那么孩子可能会丧失自我，迷失方向，内心充满挣扎。当成长到 12 岁时，一个拥有自我和一个没有自我的孩子在处理同一件事情时，其人格状态将存在巨大差异。例如，当不怀好意的人试图诱导一个自我意识强、内心坚定的孩子尝试不良行为时说：“如果你不尝试，你就不是真正的勇士，你是害怕了吗？”这样的言辞很难撼动这个孩子的内心。因为他已经拥有了一个坚实的自我认同，无需通过迎合他人或寻求外界认可来确认自己的价值。他能够敏锐地洞察对方的真实意图，这便是我们常说的内心充实、自信满满的孩子。然而，对于那些在幼儿时期未能良好建立自我意识的孩子来说，他们的决心往往不够坚定，容易过分在意他人的看法，活在别人的阴影下，最终迷失自我。

在这个时候，我们需要用正向的方式去引导和促进孩子的成长。

首先，应于充分尊重孩子此时的发展特点。有品质的陪伴能显著降低孩子说“不”的频率，因为尊重是相互的，当孩子感受到温柔的爱意时，他们也更倾向于接受他人的想法。

其次，在日常看护中，无论是父母还是其他看护者，都应尽量减少使用否定词，如“不可以”和“不允许”，转而采用积极正向的口吻与孩子沟通。这不仅是对孩子的良好示范，也是增进亲子关系的有效方式。例如，当孩子正在玩父亲的手机时，我们不应直接命令“你不能玩父亲的手机”，而应尝试以更温和、引导性的口吻提出建议，如“宝宝，你和爸爸一起玩小汽车好不好？”这样的建议既转变了语气，又提供了替代方案。同时，我们应逐步引导孩子分析和思考事情的因果关系。对于年幼的孩子而言，若我们不进行解释，他们便难以理解。因此，我们需要耐心、细致地向孩子阐述事物的来龙去脉。

再者，当孩子说出“不”时，我们应平和地询问其背后的原因。了解孩子说“不”的真正动机，如同为我们打开了一扇深入了解孩子的大门。通过亲切的交流，引导孩子分析“是”与“不”分别会给他们带来何种结果，帮助他们理解“不”的深层含义。

此外，当孩子表现出不听话、倔强等行为时，作为家长，我们应将注意力重点放在探索孩子说“不”的真正原因上，关注孩子的成长过程，而非仅仅关注自身的感受。在不违反原则的基础上，给予孩子更多的接纳和理解。我们要认识到，这是儿童成长过程中的必经阶段，此阶段的体验将帮助他们更好地探索行为边界，也为他们将来更明智合理地做出抉择、敢于捍卫自身权利奠定基础。

总体而言，经过数月的正向引导，孩子在行为上会有显著变化。尽管每个孩子的行为可能会反复，但只要坚持正向引导终会收获成效。因此，在孩子的每一个新成长阶段，我们成年人也需特别注意自身的言语和行为。每当我们与孩子共同跨越一个成长的台阶时，我们所见证和收获的，不仅是孩子的成长，更是我们自身的成长。

在孩子处于自我意识敏感期时，

家长们应看到孩子

成长的部分，

顺应孩子成长的

生命节点，

不要过分在意孩子

是否按照你的意愿行事。

第二节

这些这些，全部都是我的

——认知物权与边界的概念

婴幼儿在诞生之初，并未形成独立的自我意识，他们仿佛与母亲及周遭世界浑然一体。随着时间的推移，大约至2岁左右，孩子们开始萌生“我”的意识，逐渐明晰了你我之间的界限。在此过程中，孩子们往往通过占有个人物品来界定自我与他人。只有当物品完全属于自己时，他们方能真切地感受到“这是我的”，这标志着孩子自我意识的觉醒。

·孩子的独占行为并非自私

处于自我意识敏感期的孩子，一个较为常见的表现便是不愿分享。然而，当下几乎所有家长都期望孩子能具备乐于分享的品质，因此，家长们常会向孩子提出这样的问题：你会跟小朋友分享吗？能跟小朋友一起分享你的玩具吗？在某一个特定的年龄段里，相信不少小朋友的回答都是一致的——不愿意。大约在孩子两岁这个阶段，众多小朋友会展现出类似的行为模式。

当有其他小朋友来访时，他们往往不愿分享自己的玩具或图书，即便是自己已不再感兴趣的物品或不再阅读的书籍，也坚决不允许别人触碰，一旦有人尝试，他们便会立刻声明："这是我的！"类似的情况还常见于户外活动中，一些孩子在看到其他小朋友玩耍时，会不由自主地跑上前去，直接拿走玩具，并坚定地认为："这是我的东西！"随后便强行留在自己手中。

许多家长会认为这是孩子自私，至少这样做不是美德，其实这与自私和美德毫无关系，这时孩子已经形成了清晰的自我认知，他要区分这是我的，那是你的，甚至小一点的孩子会把自己看到的喜欢的东西都认为是自己的，这也是孩子刚刚建立自我意识的一种表现。

自我意识敏感期大约在孩子 1 至 2 岁时开始萌芽，通常出现在 2 至 3 岁，部分孩子可能持续至 5 岁。孩子未来的性格形成与内心强度，皆源于自我意识敏感期的发展情况。因此，孩子的独占行为并非自私，而是具有积极的成长意义的行为。

当孩子表现出不愿与小朋友分享食物、玩具，或对自己的物品看管得极为严格时，家长不应谴责孩子的行为，更不能随意给孩子贴上自私小气的标签。家长应为孩子提供一个有利于自我发展的良好成长环境，切忌逗弄或取笑孩子。例如，孩子手持食物时，家长不应逗引孩子并从其手中夺走食物，在不归还的同时还指责孩子小气自私。此外，有些家长为了培养孩子的分享品质，强行将孩子的物品分享给其他小朋友，这种做法同样不妥。尤其在孩子处于小小班年龄段时，家长应宽容看待孩子的此类行为，给予孩子更多的爱与理解。

在幼儿园的环境中，我们常能观察到这样一类孩子：他们入园时会携带各类物品，并且坚决不允许任何人触碰。即便是那些重量不小的物品，他们也宁愿费力拖着重物走，也不愿与人分享。到了午睡时间，老师想要帮忙整理时，他们会坚持将所有个人物品，如鞋子、书包、玩具等，统统放在枕头边。在这个阶段，他们似乎将守护自己的“领地”和物品视为头等大事，其他事情相比之下都显得不那么重要了。

·家长具体的应对措施：爱与自由共存

由于许多孩子 2 岁左右便入园，自我意识敏感期往往在幼儿园度过。因此，家长应给予孩子更多的爱与理解，避免无端批评。当孩子出现打人、咬人等行为时，这些行为并非出于恶意的主观伤害，而是孩子表达不同意、不高兴、不愿意的方式。孩子通过这种方式来排除他人，以达到自我保护的目的。在老师或家长的引导下，孩子会逐渐明白，可以通过其他形式来表达自己的情绪和想法。

这种行为背后，透露出孩子们正处于逐渐建立并强化自我意识的阶段。

研究表明：当孩子长期处于压力之中，与父母的言语交流充满刺耳的指责或恐吓时，孩子的大脑防御系统便会启动，进行自我保护。长期如此，大脑可能失去分辨能力，严重影响大脑发育，从而削弱孩子进行抽象学习的能力。

父母及其他家人应保持平和的心态，正确认识和理解孩子，关注孩子的成长，给予孩子更多的爱与自由。家庭成员之间的态度和行为直接影响着孩子的行为和个性。因此，在看待敏感期孩子的各类行为时，我们也要反思自己与家人的行为态度，因为孩子都是在模仿父母的言行中成长的。

我们还可以巧妙地运用口头语言和肢体语言来引导孩子。首先，教会孩子使用简洁明了的语言或口号，如通过共同约定的方式教授“等待”的概念，以避免不当行为。其次，将肢体语言融入日常生活，将重要行为或情感表达转化为肢体动作，增加交流的趣味性，帮助孩子理解和记忆，并加深情感联系。在情商课程中，我们也采用类似策略，如“自律很简单，等待不无聊”等口号，让孩子在等待中寻找乐趣，并认识情绪的暂时性，学会自我调节。这些策略同样适用于家庭环境，有助于缓解紧张氛围，让孩子学会在不同情境下运用所学。

家长可以给孩子购买一个数字显示清晰的玩具手表或大钟表，在孩子玩耍时，提前告知他们玩耍的开始和结束时间。当结束时间临近时，如十分钟和五分钟前，分别提醒孩子看表，就像幼儿园上下课的铃声一样。这样，孩子可以逐渐学会时间管理。在玩耍结束前，我们还可以引导孩子与玩具、娱乐设施和小朋友说再见，创造一个和谐的氛围。

面对孩子的攻击性行为，如推、打、压、抢玩具等，家长应理性看护，不要过度介入，避免以暴制暴。当孩子们之间产生摩擦时，大人不应以自己的心态去处理，而应理解孩子内心的想法。我们应从孩子的角度去看待问题，而不是强加自己的主观臆断。我们可以带孩子多到公共场所玩耍，多接触其他小朋友，利用这些机会，对孩子进行示范和引导。这个年龄段的孩子已经能够进行短暂的互动，开展简单的交往和一定程度的分享，包括一起玩玩具、玩沙、玩水、玩滑梯、分享食物、互相帮助等。

在孩子处于自我意识敏感期时，家长们应看到孩子成长的部分，顺应孩子成长的生命节点，不要过分在意孩子是否按照你的意愿行事。家长应鼓励并引导孩子表达自己的意见，让孩子认识到自己已经长大，有权决定自己的事情。让孩子自己尝试做事情，不要过多干扰。在做的过程中，孩子会认识生活的真理。因此，在这个时期，要多鼓励孩子表达自己的意见。

秩序敏感期出现时，

是孩子内在

建立规则、

培养良好习惯的

最佳时机。

第三节

我要重新按电梯

——秩序敏感期的情绪语言

妈妈带着小刚乘电梯，平常都是由小刚来按电梯按钮的。可是今天，同时乘电梯的还有一位邻居小哥哥。小哥哥进了电梯之后，抢先按下了电梯按键。这下小刚不乐意了，开始大声哭闹。出了电梯，小刚甚至躺在地上哭闹，引来众多邻居围观询问。面对孩子这样的情形，我们家长是不是感到特别困惑和生气呢？其实，这种情况说明我们的孩子已经进入了秩序敏感期。

秩序敏感期出现时，是孩子内在建立规则、培养良好习惯的最佳时机。如果孩子的秩序敏感期没有得到妥善呵护，将来可能难以进行自我管理，思维也会相对混乱，进而可能影响学习成绩。儿童的秩序敏感期是呈螺旋式发展的，大致分为三个阶段：第一个阶段是执拗敏感期，第二个阶段是完美敏感期，第三个阶段是审美敏感期。秩序敏感期通常发生在孩子 2 到 4 岁这个阶段，也有些孩子在出生后的几个月就开始了。

·执拗敏感期：孩子的直线型思维

在秩序敏感期的第一阶段，即执拗敏感期，孩子会形成一种追求秩序的内在模式。他们对秩序的要求极高，表现为做事古板固执，这些稳定的秩序会给孩子带来极大的安全感。一旦大人破坏了孩子的这一秩序，就会给孩子带来混乱或让他们感到不适。孩子会因此焦虑，甚至哭闹，并表现出事情的不可逆性。此时，大部分家长会发现孩子变得非常不听话、任性，甚至是不可理喻。但实际上，这并不是孩子在胡闹。

孩子在 3 岁之前属于直线性思维。所谓直线性思维，就

是孩子在想做一件事时，会预先给这件事设计一个结果。如果这件事没有按照他预想的结果进行，他就会感到非常紧张、恐慌。比如，孩子每天早晨出门必须穿某双鞋，下楼时必须走在右边，到了楼下必须去买一杯豆浆等。如果哪天没有按照这个行程路线进行，孩子就会哭闹、发脾气等。这些都是孩子执拗敏感期的表现。一开始，他们的表现可能是不安或哭闹，但随着自我意识敏感期的发展，逐渐形成的自我会将这一秩序上升到意识层面，孩子才开始变得执拗、不妥协。

但成人在判断一件事时，如果这件事没有按照我们的预期实现，我们很少会紧张恐惧，因为在做一件事之前，我们会给这件事预判多种可能的结果。如果家长知道几乎每个孩子都会经历这样的阶段，面对孩子那些“任性”的行为，也许就不会那么愤怒了。

·完美敏感期：严格遵守规则与逻辑思维

随着生命的成长，孩子的心智进一步发展，上升到了对规则的要求。该阶段表现为孩子做事要求完美。比如端水时，洒出一滴就会很痛苦；吃的苹果不能有半点瑕疵。

文静老师利用家长们接孩子的时间，开了一个小型的家长会，并给家长准备了一些水果。妈妈抱着文文，顺手从盘子里拿了一个橘子，给孩子剥开，放到他手里。文文看到剥开的橘子后，夺过来生气地扔掉，一定要自己去从盘子里重新拿一个没有剥皮的橘子，再放在妈妈手里，要求妈妈重新给他剥一个。这就是完美敏感期中孩子比较典型的表现。

我们还会发现孩子会严格遵守交通规则。红灯亮了，即使马路上一个人、一辆车都没有，他也不会过马路。如果你过了，他会要求你必须退回来，并像个小大人一样训斥你。这种程序和秩序一旦进入幼儿的内心，就会成为孩子最初内在的逻辑和思维。如果家长强行干预孩子的这种行为，那么孩子内心的秩序就会被打破，从而导致自我意识发展不完善。

随着儿童年龄的增长，其心智也在不断发展，这种逻辑在形式上也开始发生变化。在这个基础上，随着孩子年龄的不断增长，他们开始认识到事物的形式可以变化，甚至可以千变万化。因此，孩子的成长是一个不断发展的过程。这个时候，一旦孩子有了良好的秩序感，他的自我也就随之形成，内在也就和谐了。

·审美敏感期：发现美、感受美

孙瑞雪在《捕捉儿童敏感期》中提及："让一切完美起来，是儿童审美敏感期到来的景象。"例如，有的孩子在使用吸管杯喝水时，一定要将吸管的口与杯体上的图案转到相同的方向，否则便拒绝饮水。对于处于审美敏感期的孩子而言，他人眼中微不足道的细小瑕疵，都可能触动他们内心的“敏感弦”，破坏他们认定的美感。绘本《爱哭公主》中描写的爱咪公主，便是一个典型的处于审美敏感期的小女孩。小伙伴与她穿着相同颜色的衣服，她会哭泣；有人不小心将污泥溅到她的身上，她会哭泣；甚至在粉红色的生日派对上出现了黄色的气球，她也会哭泣。这些看似令人啼笑皆非的事情，实际上却反映了孩子审美能力的成长与变化。审美敏感期是孩子发展审美能力的关键时期，若在此期间孩子受到外界的不良影响，无法正常发挥自己的能力，这些能力便可能逐渐消退。正如纪伯伦所言：“我们活着只为去发现美，其他一切都是等待的种种形式。”当我们以发现美、感受美的视角去对待孩子的每个成长阶段，必将获得无比绚丽的体验。

·给孩子提供有序的环境

孩子每度过一个敏感期，对世界的认知便更进一步。孩子处于秩序敏感期的阶段至关重要，杂乱无序对儿童而言是一种痛苦，对其心灵也是一种伤害。因此，我们老师和家长都应尊重、理解并耐心地对待孩子的这一阶段。因为秩序的破坏会给儿童带来不安全感，甚至导致其思维、感觉、情绪和心理的混乱。儿童不得不将精力转移到对无序环境的抗争中，从而浪费了生命成长的时间。

作为家长，最重要的是了解这个时期孩子的特点。遇到孩子出现前文所述的类似的行为时，我们应把握一个原则：若是非原则性的问题，在条件允许的情况下，尽量满足孩子的需求。

蒙台梭利认为："如果成人不能给孩子提供一个有序的环境，孩子就不能建立起对各种关系的知觉。"若连知觉都无法建立，那么孩子的智能便无从构建。因为孩子的智力是从感知觉开始的，所以呵护好孩子的秩序敏感期，是实现"不教而教"教育的一个重要前提。虽然我们作为老师、作为父母，其实并没有能力完全把握生命的内在秩序，但我们至少可以在孩子的秩序敏感期到来时，去保护、尊重、理解并协助孩子，尽可能为孩子提供一个有序的环境。

有一句话叫作"没有规则的爱就是伤害"。因此，希望我们家长能够明确非原则性问题和原则性问题的界限，并在这一时期给予孩子正确的引导。

儿童拥有

发现问题、

解决问题的

权利，

以及设计解决问题计策和方案的

自由。

第四节

拉钩上吊一百年不许变

——人际关系的探索与建构

某天，孩子从幼儿园回来，你或许会发现，早晨带去的变形金刚已换成了一本略显陈旧的图画书；有时，孩子会拿着用小汽车换来的铅笔盒对你说，想要与浩浩换回小汽车，因为不再喜欢铅笔盒了。还有些孩子会请求你多带些零食，理由是希望与好朋友丫丫分享，从而增进友谊。他时而会告诉你，最喜欢小小，因为小小给了他糖果；但次日归来，又可能表示再也不和小小做朋友，因为小小今日没有给他食物。孩子频繁地与他人交换食物或玩具，频繁地更换朋友，这些现象均表明他已步入人际关系交往的敏感期。

儿童社交关系的建立是一个循序渐进且复杂的过程。在自我意识敏感期之后，大约 3 岁左右，孩子们开始尝试通过分享食物来建立友谊，认为分享美食便能成为好朋友。然而，他们很快便意识到，一旦食物分享结束或自己没有好东西可分享，这段关系似乎也随之消散。因此，孩子们开始探索更持久的关系纽带，通常选择分享或交换玩具来维系友谊。但经过一段时间的尝试，他们发现即便玩具交换了，关系也可能因玩具的易手而终止。于是，孩子们再次调整策略，放弃简单的物质交换来维系关系的做法。到了 4 岁多至 5 岁，他们终于领悟到交友的真谛——真正的友谊建立在共同的兴趣爱好、相互的喜爱与理解之上。

·儿童人际交往的阶段性成长

在一次班级讨论中，老师曾好奇地询问一个孩子为何与另一位同学形影不离，孩子眼神坚定地说：“因为他总能理解我的想法，所以我特别想和他做朋友。”这恰好说明了，孩子们在人际交往的探索中，会逐渐意识到，真正的友谊是基于共同的兴趣、相互的关心、深刻的理解以及耐心的倾听而构建的。当这些要素融合无间时，孩子们与伙伴之间的关系便能达到真正的和谐与亲密。孩子们的成长之路充满了惊喜与智慧，他们总能在实践中不断尝试，找到与朋友相处的最佳方式。

许多家长并不重视孩子的人际交往，认为只要孩子生活在集体环境中，就能自然而然地学会人际交往。然而，事实并非如此。孩子真正的人际关系是在集体环境中，通过自由选择伙伴，长期自由交往、对话、参加活动从而与某个人产生连接的过程中形成的。因此，这个过程至关重要，而在这个过程中，老师、家长的引导和协助具有不可忽视的作用。

儿童的成长具有阶段性特征。当儿童成长至 5 岁左右时，其心态逐渐由自私转变为愿意与伙伴们分享，这是生命成长的一种自然规律。当孩子展现出分享的行为时，意味着其心理层面已发展至新阶段，即开始涉足人际交往的领域。

在这个阶段，我们可以观察到两类截然不同的儿童：

一类是对物品和共同兴趣充满热情的小朋友。他们因对同一事物的喜爱而聚集在一起，如共同玩车、机器人或飞机等。他们对人与人之间的直接互动不太感兴趣，而是更专注于共同的兴趣和活动，这种状态颇似成年人的兴趣俱乐部，如摄影、足球或家庭教育等俱乐部。

另一类则是对人际关系更为敏感的小朋友。他们通过人与人之间的相互作用来发展嬉戏和玩耍的关系。例如，孩子们最早可能会形成一种控制与被控制的关系，其中一个孩子可能会依附于另一个孩子。虽然作为家长，看到自己的孩子被其他小朋友控制可能会感到不悦，但这是一个自然的成长过程。随着时间的推移，被控制的孩子会逐渐意识到依附他人会让自己感到不舒服，于是开始寻求独立。这时，斗争和磨合便开始了，孩子会学习如何反控制和摆脱依附。经过一系列的心理斗争和不断调整，他们最终会发现，人与人之间可以通过遵循一定的规则来达到和谐共处。

·用儿童的心灵去观察问题

我们对金钱和物质的价值观，或者说我们内心对金钱与物质的匮乏感，会直接影响孩子的人生。若孩子从小受到这种观念的影响，长大后可能成为一个内心匮乏、只会追求金钱的人。生活中，我们也看到很多人因贪婪外物或追求金钱而负债累累。因此，我们的一言一行、一举一动、一个表情，对于孩子来说，都是其人生成长中至关重要的因素。我们通过学习和成长可以培养出一个内心富足、珍惜拥有、不恐惧、内心不匮乏的孩子。

儿童人际关系敏感期若想得到良好发展，便须让孩子独自完整地经历这一过程。在此期间，家长应给予孩子足够的空间，允许他们犯错，并鼓励他们自行处理问题。直至孩子确实需要成人介入时，我们也不应直接告知孩子应如何行动，而是要倾听他们的诉说，引导他们道出纠纷，自行找出关系中存在的问题。这正是我们所说的：儿童拥有发现问题、解决问题的权利，以及设计解决问题计策和方案的自由。当孩子需要我们协助时，我们可以询问他们："你觉得怎样更合适呢？"将问题交还给孩子，不剥夺他们的自由，如此才能使儿童顺利度过人际关系敏感期，进而步入下一个成长阶段。

在人际交往的敏感期，家长应密切关注孩子的同伴关系，确保孩子在积极健康的人际关系中获取安全感和信任感，从而发展其自信和自尊，形成基本的认同感和归属感。我们应引导3到4岁的孩子学会不争抢、不独占玩具，若想加入同伴的游戏，应友好地提出请求；对于4到5岁的孩子，应教导他们轮流分享大家都喜爱的东西；对于 5 到 6 岁的孩子，则应引导他们懂得别人的想法有时与自己不同，能倾听并接受他人的意见，若不接受，也应说明理由。老师和家长在每一个阶段都应给予相应的引导，因此，我们不仅需要敏锐的观察力和听力，更需要敏感的心灵，能够深入幼儿的内心，体察他们的心声。对于孩子的以物易物行为，我们应避免用成人的价值观去评判。

在现实生活中，我们常会看到一些孩子畏缩、躲避、爱哭，不敢与人接触，这与家庭影响密切相关。这些孩子的父母因担心孩子吃亏而过分保护，导致孩子胆小、怕事，遇事便退缩。更有甚者，有的家长因担心孩子在幼儿园受委屈，干脆让孩子留在家里，直至上学时才开始与人交往，这样无疑会使孩子与人相处更加困难。孩子的社会行为和人际关系对其今后的学习和事业均有着重要影响。

因此，即便孩子在交换过程中感到懊恼、后悔，甚至埋怨他人，很多时候还想将自己的玩具要回或再次交换，我们也不应过多干涉和指责，正是这些过程，让孩子经历了各种复杂的情感体验：交换后悔时的难过、交换成功时的喜悦、渴求交换时的焦虑等。这不仅可以促进孩子情感的完善，还可以让孩子借助食物和玩具去探索并构建最初的人际关系，认识人与物、物与物、物与环境之间的关系。未来，孩子还将经历人与人、人与钱之间的关系，在这些活动中，孩子们将自行积累、整合经验，从而真真切切地构建出属于自己的人际关系网络。

第四章

性别与婚姻

作为生命体，

儿童需要了解

生命的自然诞生

和自然死亡，

这种自然现象

能够给孩子带来巨大的安全感。

第一节

我从哪里来，为什么我有你没有

——对生命的好奇

我们发现，儿童在 4 至 5 岁时，开始关注和思考一个问题："妈妈，我从哪里来？"这个在我们成年人看来或许带有哲学色彩的问题，却几乎是每个孩子都会向母亲提出的问题。这标志着孩子的生命进入了一个新的阶段，也预示着一个新的敏感期到来——问出生的敏感期，孩子们在这个时期便开始探究生命的起源和意义。

·生命的美好源头：孩子对自身的诸多疑问

在孩子大约 3 岁的时候，父母可能会注意到，孩子会频繁询问关于私密部位的问题，或者开始特别关注和探索自己及他人的私密部位。当孩子提出这些问题或表现出对这些部位的关注时，说明他们已经进入了性别的敏感期。在这个阶段，孩子会对男性女性不同的身体形态产生好奇和疑问，并据此判定自己的性别。一旦孩子认同了自己的性别，他们就会积极模仿同性别成年人的行为，做出符合该性别的举动。这一看似不起眼的变化，对于孩子未来社会角色和家庭角色的定位都至关重要。例如，在玩“过家家”游戏时，女孩子通常会扮演妈妈，而男孩子则扮演爸爸。到了4—5岁，他们开始更加深入地关注和思考“我从哪里来”的问题。

实际上，此时孩子正经历着出生与性别的双重敏感期。他们的身体可能正受到一种内在力量的驱使，小小的心灵也因此而受到鼓舞，产生了诸多疑问。因此，儿童的这一敏感期不仅是幼儿出生后成长的关键阶段，也是塑造其未来心灵和人格的重要时期。每一个成年人都应该尊重自然赋予儿童的这种成长规律，并提供必要的帮助，以免儿童错失这一生中仅有一次的特别机会。

有一位21岁的老师曾这样说道：“对于‘我从哪里来’这个问题，实际上我到现在也没完全搞清楚。小时候，哥哥、姐姐、妈妈以及家里的亲戚都开玩笑说我不是亲生的，还编造故事说爸爸前一天晚上梦见一个小孩，第二天出去就在垃圾堆里发现了我并把我带回家。以前每当想起自己是垃圾桶里捡来的，心里总是有点不愉快，感觉爸爸妈妈对待哥哥姐姐和我不一样，自己就像个外人。随着年龄的增长，自己也慢慢懂事了，也许是妈妈他们骗我的吧。但不管怎样，我一直活得不太开心。后来我就想，不管清不清楚，她毕竟是我妈，是她把我养这么大的。我会好好陪伴她的。”这位老师自从来到我们幼儿园，就一直告诉我们她是抱养的，她平时总是一副闷闷不乐的样子。按理说，21 岁是人生中最美好的年龄，但这位老师却总是处于一种低沉的生命状态。

心理学家弗洛姆认为，人感到孤独、无能、缺乏安全感，首先源于人与自然基本联系的丧失。一个人只有感受到自己生命源头的美好，他的生命才会迸发出无穷的力量。而一个丑陋的源头，则会让一个人永远无法摆脱那种无力感。儿童的情感是极其丰富且脆弱的。因此，当孩子提出“妈妈，我从哪里来？”这个问题时，如果父母没有给予孩子正确且与母亲情感相连的答案和信息，将是非常遗憾和残酷的。作为生命体，儿童需要了解生命的自然诞生和自然死亡，这种自然现象能够给孩子带来巨大的安全感。

·守护孩子的好奇心边界

谈及性，许多家长往往讳莫如深。然而，我们若能反观内心，不难发现，成人的性羞耻感多源于后天的种种因素。值得庆幸的是，随着社会的进步与发展，越来越多的家长和教育者已认识到性教育是生命教育中不可或缺的一环。他们不断学习，勇于提问，敢于面对以往难以启齿的问题。在性别敏感期尚未明确提及之前，家长们已纷纷通过私信等方式，咨询孩子在此方面的种种疑问。我们的开放态度，无疑为孩子们顺利度过性别敏感期，向生命的更高层次发展提供了有力支持。

在一次与大班孩子们的互动游戏中，我引导孩子们画出自己的形象，包括身体的各个部分。孩子们兴致勃勃地投入到绘画中，不久，一个小女孩便展示了她的作品。我惊讶地发现，她将自己画成了一个男孩子，还特意添加了一个男孩的生殖器官。当我指着这个器官询问她时，她一脸疑惑却平静地回答："对啊，我们小朋友都有这个。"显然，这个孩子虽然已到了大班年龄，但对男孩和女孩的身体结构差异仍缺乏清晰的认识。这个细节暴露出该幼儿虽已处于学前教育末期，但对性别生理差异仍缺乏基本认知。

经后续与家长深度沟通得知，该幼儿长期与年幼弟弟共同生活：日常共浴玩耍时，父母从未主动讲解性别差异，导致她持续观察到弟弟的身体特征。在这种单向的观察体验中，孩子逐渐形成"所有儿童都应具备此器官"的认知，甚至因担心自身"缺失"而产生隐秘焦虑，最终通过绘画投射出这种固化的错误认知。

很显然，孩子们在这一阶段对身体和性别的认知尚不清晰，主要原因在于家长在面对孩子此类问题时，往往因敏感或尴尬而变得不知所措，最终选择回避。然而，我们应明确，性别敏感期是儿童敏感期的重要组成部分。孩子们在探索未知世界时，会客观地认识包括性器官在内的各种事物。他们对认知性器官的态度与认识自己的眼睛、鼻子、嘴等器官无异，既客观又认真。

在此阶段，孩子们可能会表现出一些让家长和老师不解甚至尴尬的行为，如跟随小朋友上卫生间，甚至想要观察父母上厕所。这些行为背后，孩子们的目的非常明确，即通过观察来认识他人的身体。当孩子们提出这些问题或表现出探索行为时，我们应摒弃成人的价值观，以孩子的视角去理解他们。此时，正是我们帮助孩子认识自己、认识他人，并植入正确概念的最佳时机。当孩子询问男女身体的那个器官时，我们可以大方地告诉他们，那叫生殖器，是区分男人和女人的性别特征。这样的回答或许不会让孩子立即完全理解，但一定会在他们心中留下正确的概念。

孩子性别敏感期的这些行为通常会持续几个月，最长一般不超过半年。作为幼教工作者，我深知对孩子而言，那些看不见的伤害往往更为严重。许多家长认为，只有孩子身体受伤或皮肤破损才叫伤害，却忽视了孩子成长过程中的正常行为。若以成人的价值观去衡量孩子的行为，可能会对孩子造成二次伤害。试想，如果孩子长大后在与亲密爱人接触时，因曾经的羞愧感而心生障碍，那将对其心理造成怎样的影响？羞愧感和内疚感是能量等级最低的情绪状态，长期处于这种状态会大大降低一个人的生命力。因此，我们成人的不当言行可能会给孩子的心灵留下一道难以愈合的伤痕。

那么，面对孩子的探索行为，家长应该如何应对呢？

答案是：请允许并接纳孩子的行为，再进行适度的引导。这既体现了我们成人的智慧，也展现了我们的大格局。大声训斥或羞辱孩子不仅会破坏他们对身体的探索兴趣，还可能引发更大的问题。相反，我们可以拿出百科全书或绘本，将生命形成的全过程科学地讲给孩子听。

如果此时父母给孩子建立了错误的概念或未能清晰解释某个概念，可能会给孩子带来恐惧和混乱，甚至造成情感上的伤害。性教育是一种典型的随机教育机会，我们老师和父母要善于把握每一个可教育的时机，自然地把握好分寸，巧妙地渗透相关知识，以达到润物细无声的教育效果。

一个人只有感受到

自己生命源头的美好，

他的生命才会迸发出

无穷的力量。

而一个丑陋的源头，

则会让一个人永远无法摆脱

那种无力感。

第二节

我要跟你结婚！

——婚姻意识的建立

孩子时常会表达想要和爸爸妈妈结婚的意愿，这样的状况在你的孩子身上是否也曾出现过呢？孩子这些略显懵懂的念头究竟源自何处？我们需要清晰地认识到，尽管孩子年幼，但他们对与婚姻相关的问题却充满了强烈的好奇心。“婚姻”这个词，在我们看来似乎是专属成人的，然而，从稚嫩的孩子口中听到“结婚”这个词，并不是罕见之事。

·爱的边界：亲子互动间的情感启蒙

在一次国际班的教学活动中，一个名叫玲玲的小朋友在上学路上，恰好遇到娃娃车行驶至一个正在举行婚礼的小区门口。玲玲好奇地问道：“张老师，他们是不是在结婚呀？”

张老师回答："是呀，你长大以后也要结婚，对吧？"玲玲肯定地回答："那当然了。"接着，张老师又问："那你是要和你的白马王子结婚吧？"玲玲却摇了摇头，说："不，我才不和白马王子结婚，我要和我爸爸结婚。"

在孩子的生命初期，父母往往会成为他们的第一个"恋人"，特别是妈妈。孩子出生后，妈妈对婴儿无微不至的照顾、充满爱意的眼神、温柔的喃喃细语，以及爱抚、亲吻、拥抱等与孩子身体的亲密接触，都会让孩子获得情感的极大满足，并对妈妈产生强烈的依恋。这是孩子两性情感发展的一个正常过程，父母必须理解孩子早期这种"自私"的基因程序其实从出生开始就已经启动。这也是孩子的原始欲望与文明力量之间的一种较量，此时父母的态度尤为重要。

孩子的恋父或恋母情感是他们认识异性、理解异性，并学会与异性相处的重要发展经历。这种情感同时也会给孩子带来很大的安全感，对孩子的成长具有积极的作用。然而，如果处理不当，也可能引发孩子的各种心理问题。

我们要清晰地认识到，孩子最终要走向社会。为了让孩子未来成为具有竞争力的人，无论我们如何爱孩子，都必须坚定地帮助他们逐渐脱离恋父或恋母的情感，这对孩子的心理健康尤为重要。很多家长反映，孩子已经 5 岁，但每天睡觉还要摸妈妈的乳房；有的孩子已经很大了，还无法与父母分床睡；还有的孩子看到父母亲热的行为就会生气等。这些行为让爱孩子的家长们感到焦虑，不知如何处理，更不清楚处理的界限在哪里。

孩子脱离这种情结的过程是很痛苦的，就像生命的蜕变一样，需要经历金蝉脱壳般的挣扎，并且还需要外界的帮助，即父母的帮助和支持。我们需要对孩子进行一些教化，将人类社会的伦理、道德潜移默化地传递给孩子，而不能过度溺爱孩子。所谓教化，并非是对孩子讲一通大道理或灌输知识，而是体现在日常生活的每一个细节当中。例如，通过行为和语言影响孩子，让他们明白什么是界限。

因此，在给孩子断乳的时候，就要拒绝孩子再去摸妈妈的乳房或随意摸妈妈的身体。当孩子长到 4 岁时，父母就应该与孩子分房间睡觉。因为 0—6 岁的孩子有时会本能地利用父母的身体进行一些性活动，但这只是孩子的原始本能，与道德、世俗无关。无论孩子在什么年龄阶段，只要他们与父母身体接触时，利用父母的身体满足自己的性需求，父母就应该拒绝这样的身体接触，及时结束当时的状态，并平静地转移孩子的注意力，引导孩子去做其他事情。在这个过程中，我们不可以让孩子感受到自己做错事了，也不可以让他们感受到耻辱或负罪感。父母只需要用行动结束这个行为，让孩子感受到身体是有界限的即可。

当孩子到了 4、5 岁时，父母可以明确地拒绝孩子关于与自己结婚的要求，并通过语言向孩子解释：爸爸妈妈已经结婚，且父母是不可以与自己的孩子结婚的。这样的回答能够清晰地表明我们的态度。要知道，家长的每一个回应都会对孩子的成长产生影响。父母的认知水平，往往决定了孩子未来的发展空间。

一个 4 岁的男孩在与妈妈参加完一个婚礼后，对妈妈说："妈妈，我长大了，你就当我的新娘吧！"妈妈却反问孩子："为什么要让妈妈当你的新娘呢？"孩子回答："因为我喜欢妈妈呀。"于是，这位妈妈温柔地告诉孩子："妈妈已经是爸爸的新娘了，所以不能当你的新娘哦。"孩子接着追问："那我以后要找一个什么样的女孩结婚呢？"妈妈耐心地回答："你要找一个和你年龄相仿的女孩子结婚。"虽然这是一段非常普通的对话，但这位妈妈没有对孩子讲大道理，而是用简单的话语给了孩子一个正向的引导。这种引导是至关重要的，因为有些家长在面对这个问题时，可能会不以为然，或者利用这个机会教训孩子，要他们好好学习，否则将来只能找个不好的伴侣。这种错误的言论会扰乱孩子的心智。

随着年龄的增长，儿童对婚姻的认知逐渐深入。最初，孩子表达对父母的爱时，尚未形成对婚姻中年龄差异的认识，不觉得父母与自己存在年龄差距。然而，经过一段时间的发展，孩子会突然意识到应该与自己同龄的人建立婚姻。这时，孩子的心智有了显著提升，开始在同龄小伙伴中挑选“结婚”对象。这一过程反映了孩子心智的逐渐成熟，并伴随着新的行为表现。例如，在幼儿园里，童童小朋友在一次家长会上认真地给爸爸介绍：“这是我们班的小雪，她是我的老婆。”尽管小雪显得有些不情愿，但童童会急切地辩解：“不是吗？怎么不是啊？我们俩都结婚啦。”这一行为体现了孩子在这一阶段对婚姻关系的纯真理解和执着表达。

·家长的适度介入与引导

有些孩子还会以一种强制式、一厢情愿的方式去发展自己的“婚姻”观念。我记忆中最深刻的是子娴小朋友，她是我好朋友的女儿。有一段时间，她一定要让班里的壮壮当她的白马王子。如果壮壮不乐意，子娴就会大哭大闹。她经常对壮壮大喊：“你就当我的小王子！你就是我的小王子！”这时，很多家长可能会很着急，甚至批评或嘲笑孩子。但在这个时候，建议家长和老师要适度地介入。

我们可以这样告诉孩子：喜欢与婚姻是两个人共同的事情。如果壮壮并不喜欢你，那么我们可以考虑重新做出选择。事实上，当我们告诉孩子他有权重新选择时，这既是对他的一种尊重，同时也为他打开了一个新的视角。在漫长的人生旅途中，我们会遇到许多条道路可供选择，但有些人可能会固执地坚守一条路。而我们这样做的目的，正是为了帮助孩子找到那个可能引领他们走向不同风景的出口。家长应引导孩子建立正确的婚姻意识，这样，孩子未来在面对婚姻时就不会出现过于执着或偏激的情况。

孩子的婚姻敏感期是其生命发展中的必经阶段，表现出对婚姻的兴趣是孩子认知社会结构的一种形式。这对孩子的成长，特别是未来爱情观和婚姻观的形成至关重要。这并非异常现象，更不是坏事，家长无需为此感到恐慌。当孩子提及恋爱或婚姻的话题时，家长应像应对其他敏感期一样，避免无视、嘲笑或斥责孩子，更不应以此为乐来开孩子的玩笑，以免影响孩子的心理健康。孩子在这一阶段的发展过程中，从最初想要与爸爸妈妈结婚，逐渐转变为与同龄人谈论结婚，甚至有时会对多人表示好感。这些行为不必引起家长的过分担忧，因为孩子的恋爱观与成年人截然不同。这些只是孩子探索世界、认识社会结构和一切事物的方式。因此，我们应尊重、理解和接纳儿童在这一心理成长阶段的发展过程。

第三节

亲亲抱抱拉拉手

——探索孩子间的亲密与喜怒哀乐

“妈妈，今天小明亲我了。”如果你的女儿在某天回家跟你说这样一句话，大多数家长或许会感到愤怒，甚至想要立即找对方家长理论。在幼儿园里，这样的情景并不罕见：一个小男孩热情地亲吻了一个小女孩，却被女孩的妈妈大骂为“小流氓”，并指责对方父母教育不当。还有一位名叫嘉禾的小朋友，常常抱住他同桌米亚的脸亲吻，上课时也不例外，他总是把米亚的脸捧起来，一脸陶醉。

弗洛伊德认为：“儿童在游戏中总是以成年人的姿态出现。”幼儿在一起玩耍时，他们总会玩一些与性相关的游戏，这与高级动物的行为非常相似。孩子们把自己知道的成年人的生活模仿得惟妙惟肖，没有掩饰。游戏形式主要包括扮演夫妻过家家、结婚、互看生殖器、拥抱亲吻、生孩子等。孩子通过这样的游戏认识自己和他人的身体，学习与他人建立亲密关系，以及与他人身体接触的方式。在这些游戏中，孩子获得了社会性、身体以及智力方面的发展。孩子的这些性游戏没有超出年龄范围，且态度坦然，没有刻意回避他人。在幼儿园里，经常可以看到孩子们在大厅里大方地玩“生孩子”的游戏，有时还会邀请成人参与。例如，幼儿园就曾发生一个小男孩脱了内裤睡到旁边小女孩的被子里的事情，这本质上就是一个简单的模仿。但我们大人不恰当的态度可能会给孩子造成一生的伤害。如果你了解孩子的敏感期，就会支持并参与孩子的活动，而不是大惊小怪地阻止和横加指责。

同时，家长更要检点自己的行为，因为孩子是看着我们的背影长大的。理解并允许孩子的成长，我们才能够在内心层面真正地保护孩子。所以，当孩子有亲吻、拥抱别人等行为时，只要双方都愿意，父母和老师不要强行干涉。如果男孩亲吻女孩时，女孩表示不愿意接受，成年人应该教会女孩学会拒绝，同时也须教会男孩尊重他人。这是一个非常好的机会，让孩子学会尊重和拒绝，而不是辱骂孩子或强行干涉。这表明他对性别、自我和异性已经有了初步的感知，这样孩子才会顺利度过性别敏感期。

·纯真情感的流露：儿童间的亲吻与拥抱

其实，在孩子这个阶段，如果家长不了解孩子某些行为的含义，就可能会无意中伤害孩子。当孩子之间出现这些行为时，家长的认知将决定他们的态度和处理方式。

有家长可能会问：如果孩子经常去亲别人的孩子，让我感到尴尬怎么办？

男孩女孩亲吻的行为是非常纯洁无瑕的，得到别人的喜爱是一件幸福的事情。然而，成年人有时会冲动地责骂自己的孩子或对方的孩子，这样只会玷污孩子的情感。孩子间的这种爱的本能需要得到家长的尊重，这也是我们对人性的尊重、对生命成长规律的尊重，更是对大自然的尊重。

人类表达爱和喜欢的方式中，有一种是人与人之间的身体接触，通过这种接触，双方可以感受到情感的流动。在人类的进化史中，这也是一种自然程序。这个程序在孩子幼年阶段就开始启动，与孩子的语言、运动、思维、情感等能力是平衡发展的。当孩子表达爱和喜欢时，就会出现亲吻、拥抱、拉手等行为。

此时，家长应避免将孩子的这种行为视为笑料或漠不关心，以免强化这种行为。在接纳的同时，可以通过适当的性教育来消除孩子对异性的神秘感，告诉他们好朋友之间可以通过手拉手等方式来表达友好，而不是亲吻。亲吻需要得到对方的同意。同时，家长应注意自己在孩子面前的行为，避免过度展示亲密行为，以免孩子模仿。

在同龄的小朋友之间，常常会发生这样的竞争现象：几个孩子会为了争夺同一个小朋友而展开“较量”。这其实表明孩子的探索行为仍在持续且深入地进行着。

我们幼儿园有一个名叫小石头的男孩，他长得非常帅气，因此常常被两个小女生“追捧”得有些无奈。其中，有一个名叫甜甜的女孩，经常会问小石头：“你到底是要和我结婚，还是要和妞妞结婚？”面对甜甜的猛烈攻势，小石头只好无奈地说：“我今天和你结，明天和妞妞结。”但私下里，小石头却会和妈妈说："妈妈，我还是更喜欢妞妞，更想和妞妞结婚一些。我那样讲只是不想让甜甜生气。"

当孩子们成长到 5—6 岁的年纪时，他们通常已经能够以一种相对成熟的态度去面对和接纳情感这一生命中的重要元素。作为父母，我们应当正视并妥善回应孩子们在这方面的疑问，因为这是他们情感成长中不可或缺的一环。然而，现实情况却往往与之相反，许多家长在处理这一问题时采取了截然不同的态度。许多母亲在面对孩子的情感问题时，常常因为缺乏足够的理解和清晰的认知，而选择以强硬的态度禁止孩子谈论或进行相关交往。这种做法不仅阻碍了孩子婚姻敏感期的正常发展，还可能过早地向他们灌输了模糊甚至错误的观念。

我们必须深刻认识到，孩子的视角与我们成人的视角是截然不同的。我们的经历和认知并不能完全取代孩子的体验和感受。

·"过家家"：孩子婚恋观的成长手册

孩子婚姻敏感期的发展，从孩子小时候要和爸爸妈妈结婚开始，进而发展到将结婚的对象变成同龄人。有时，孩子还会表现出对多个人的喜欢，这些行为各位家长不必过于担心。因为毕竟孩子的恋爱与成年人的恋爱是不同的，这些行为只是孩子探索世界、认识世界结构的一种方式。

我们经常能看到孩子在自主活动的时间里举办婚礼。他们会默默地头顶纱巾，举着小雨伞，然后跑过来告诉大家："我们结婚了！"这就是孩子们通过模仿父母之间的交流方式、学习合作的同时，来体验各自承担的角色和情感。孩子们在过家家的游戏中扮演着丈夫、妻子、孩子的角色，去体验成人世界的婚姻和家庭生活，从中感受其中的情绪，再将这些情绪作为他们度过这个敏感期成长的养料。

有一个大班孩子的案例，记录的是一个老师有一天听到的两个小朋友的对话：

丁丁是个小男生，贝贝是个小女生。丁丁对贝贝说："贝贝，咱俩结婚吧！"贝贝回答说："我已经有男朋友了，是咱们班的轩轩，我才不和你结婚呢！"贝贝的这句话让丁丁有些始料未及，他愣在那里一动不动。但是过了一会儿，丁丁像是想明白了什么似的，笑了笑说："好吧，那我和宝宝结婚，咱俩还是好朋友，我们拉着手走吧！"说完，两个人相视而笑，又一起玩去了。其实不难发现，正确度过婚姻敏感期的孩子，在处理他们之间的情感时，是十分纯洁、坦然和理智的。

在孩子的生命中，每一项能力的发展都要经历从幼稚到成熟的过程，爱情也不例外。婚姻敏感期会让孩子体验丰富的情感经历，学会体会他人的感受，经营和守护自己的情感，承受情感的挫折等。孩子体验了情感过程中的各种喜怒哀乐之后，他们的情感系统也会逐渐丰富并成熟起来。丰富且成熟的情感能够让孩子的内心既温柔又坚强，也为孩子未来能够经受情感的挫折奠定了基础。

弗洛伊德曾说："被压抑的情绪不会消失，它只是被活埋，总有一天，它会以一种更加丑陋的方式爆发出来。"

前几天，我读到了一篇文章，介绍了某位知名女歌星的恋爱经历。由于原生家庭的问题，这位歌星在美好的年华里就出现了"非他不嫁"的情况，并经历了巨大的痛苦。尽管她在这段恋爱中已经卑微至极，但情感的结局仍然令人唏嘘。因此，当孩子婚姻敏感期到来的时候，我们每一个父母都应该感到高兴，因为我们可以在这个过程中向孩子传递更加健康的婚姻观念、爱的观念，并教他们如何处理丰富的情感与情绪。

第四节

我的房间我的床

——孩子性别意识与独立睡眠的启蒙

我们都知道，与孩子分床睡一直以来是让很多家长颇为头疼的问题。它不仅关乎孩子的独立成长，也牵动着家长的情感，并引发他们的担忧。在此，我们将深入探讨如何顺利与孩子分床，助力孩子走向独立，同时也为家长解决这一难题。

·分床：孩子独立人格的启蒙

对于孩子分床的问题，许多家长常感困扰，他们表示："老师，实在分不了，孩子太小，哭得让人心疼。"还有的父母说，即便强行与孩子分房，孩子也会在半夜哭着跑回他们房间，他们实在不忍心，于是分床计划屡次以失败告终。不少人索性放弃，导致有些孩子即便长大了，还与父母同住一室。

有的家长或许认为这是对孩子的爱，是孩子需要家长的陪伴。然而，你可能没有意识到，这一现象给我们的生活以及孩子的心智发展都带来了诸多困扰。

孩子终将走向社会，成为一个心理和身体都独立的人。独自睡觉是孩子成长为独立个体的必经之路。孩子在 1 岁半左右时，自我意识开始萌芽；到了 2 岁左右，便进入自我意识敏感期，也被称为第一反抗期。此时的孩子在心理上有着离开父母、寻求独立的内在需求。父母应顺应这一发展规律，为孩子提供独立发展的条件和空间。让孩子在自己的房间、自己的小床上睡觉，就是给予孩子一个极佳的发展空间，有助于孩子找到自我，并逐渐构建强大的自我意识。若在孩子 2 岁前未及时分床，可能会错过其自我意识发展的最佳时期。

许多家长可能认为，只有陪伴孩子睡觉，孩子才会有安全感。但事实并非如此。无论父母与孩子同睡多久，都无法真正帮助孩子建立安全感。真正的安全感是在孩子经历分房独立睡觉后，感受到即便父母不在身边，但爱依旧未变，世界依然安全。在这个过程中，孩子才能建立起真正的安全感。事实上，很多孩子无法与父母分离，正是缺乏安全感的表现。

在一个家庭中，夫妻应遵守的基本原则是：夫妻的亲密生活不应在有孩子的房间进行，以免给孩子带来成长阴影。

因此，让孩子分房独立睡觉，也为夫妻提供了独立的交流时间和空间，有利于夫妻情感的发展。

孩子与父母分房间睡觉，有助于孩子脱离恋父恋母的情感，同时也可帮助父母摆脱恋子情结。恋子情结在生活中颇为常见，有些母亲有了孩子后，会将孩子放在首位，甚至将孩子的情感作为自己的情感依托，用孩子的依恋来填补夫妻情感的空缺。这种恋子情结会给孩子的心理发展带来极大的负面影响。与孩子分房间睡觉，有助于摆脱这种恋子情结。

·分床分房前的充分准备与坚定决心

分床分房是一个需要分步骤完成的过程。

第一步，先分床。

孩子出生后，家长为了方便夜间照顾，可以在大床旁边放置一张小床，让孩子在小床里安睡。然而，许多家庭即便购买了小床，孩子却依然与父母同睡，小床成了摆设甚至堆放杂物的地方。这样做不利于孩子未来适应分房睡。因此，父母应坚持让孩子睡自己的小床，小床的栏杆能给孩子带来边界感，使睡姿相对稳定。更重要的是，这样的分床经历能让孩子在未来分房时更容易接受。同时，让孩子睡小床还能避免父母呼吸道中的病菌传染给孩子，因为成人鼻腔、口腔中的细菌对成年人无害，但可能对婴儿构成感染风险。

在分房之前，我们需要给予他们几个月甚至半年的充分准备时间，特别是心理准备。最忌讳的是没有任何准备的突然分房。在这段时间里，我们可以和孩子一起布置他的小房间，带孩子到商场挑选他喜欢的床、被子、床单、枕头、小衣柜和小桌子。准备好后，可以经常带孩子进入他的房间，让他摸摸自己的被子和枕头，告诉他再过几个月，他就可以住进自己的小房间了。这样给孩子一个美好的期望，让他产生对独立房间的向往。

这里要强调的是，一旦决定与孩子分房间睡觉，父母就不要再焦虑，不要总去问孩子是否愿意分房，你的焦虑孩子会感受到。父母应传递给孩子分房间睡觉是必须执行的信息，让孩子感受到你的决心和坚持，这更有利于分房间睡觉顺利进行。

第二步，分房间。

做足以上准备，孩子 2 岁后，就可以尝试与父母分房间睡觉了。如果父母仍有顾虑，认为孩子年龄小，那么在孩子 4 岁时，就必须考虑分房间了。孩子长到 4 岁时就要学会保护自己的隐私，并与父母保持身体界限，所以分房间是必要的。有些父母可能会认为，孩子大一点再分房间更好，但实际上，孩子越大分房间越困难。

分房间睡觉后，为孩子举行睡前仪式至关重要。我们应坚持每天为孩子讲睡前故事，与孩子亲吻道晚安，直至他们完全适应。这种仪式感能让孩子感受到，即便不在父母的大床上睡觉，父母的爱依然陪伴着他们。我们要确保将这份爱的情感和安全感传递给孩子。

若孩子睡到半夜哭着找妈妈，我们不能放弃或怕麻烦。可以温柔地将孩子抱回他自己的房间，陪伴一会儿，讲个故事，哄孩子入睡后再离开。或者，为孩子点上一盏小夜灯，以减轻他们的恐惧心理。切记，分房过程不可半途而废。

对于特别难分的孩子，我们可以采取分阶段策略。

与孩子约定睡眠的时间地点与睡前仪式，例如一周内可选择两天与父母同睡，其余时间则回自己房间。也可以每天睡前在父母床上为孩子讲故事，并约定故事讲完后回到自己房间。关于分房间的最佳时间，其实并无严格规定，但应避免在孩子即将入园或入学时进行，以免给他们带来过大的压力。将分房间与入学这两个压力源错开，有助于孩子更好地适应。

特别需要注意的是，无论夫妻是否长期分居或离异，孩子都不应与妈妈长期同睡。例如，有些家庭中爸爸在外地工作，妈妈独自带孩子。这种情况下，妈妈可能会不自觉地始终陪伴孩子，而忽略孩子成长中的独立性需求。我曾在一所初中讲课时遇到过类似案例：一名初三女孩留着短发，穿着男孩的衣服。询问后得知，她的爸爸长期在外地打工，她与妈妈长期同住。这种家庭结构若处理不当，可能导致孩子产生性别角色认知错误等问题。因此，无论爸爸是否在家，妈妈都应向孩子传递独立的信息，鼓励他们拥有自己的独立空间。

分床问题若处理不当，可能给家庭或孩子的成长带来潜在问题。很多家长认为陪孩子睡觉是爱的表现，但这种爱可能导致家庭关系错位。深入探讨会发现，成人在养育孩子时存在很多认知误区。例如，有些父母潜意识中需要情感的陪伴，这种需求会不自觉地投射在孩子身上，误认为是孩子需要父母的陪伴。实际上，与孩子同睡更多是父母的需求，而非孩子的。因此，家长须要去觉知和内观，懂得一些基本的心理学知识，以更深入地理解孩子的敏感期。只有这样，我们才能透过现象看到本质，更好地养育孩子。

第五章

感统与学习

孩子的语言发展及其准确性

是一个逐步构建的过程。

儿童唯有通过

亲身观察、体验、参与以及推理，

才能真正建立起

自己的思维体系，

进而形成个性化的语言。

第一节

别太快站起来

——爬行与语言发育

爬行与孩子的语言发育能力有着紧密的联系，良好的爬行基础能为孩子的语言发展奠定坚实的基础。我们常常提及的“三翻、六坐、七滚、八爬”是孩子成长过程中必经的重要阶段。然而，我时常听到母亲们说：“我们家孩子，不会爬就会站了，接着就会走了，甚至跑了。”这其实不是个乐观的现象，给予孩子一个完整的爬行体验是家长义不容辞的责任。

人类的大脑分为左脑和右脑两个半球，其中左脑是语言功能区所在。爬行作为幼儿首次进行的比较复杂的身体双侧协调活动，对大脑双侧分化具有重要影响。通过爬行，孩子的双侧肢体得到强烈的刺激，促进大脑皮层中央沟的形成，为左右两个半球的分化提供有力的条件。

一些孩子在 2—3 岁时走路不稳、容易摔跤，这往往是他们在大人的过度保护下跳过了爬行阶段直接进入站立和行走阶段所致。这些孩子的腰部肌肉力量较弱，平衡和动作协调性较差，可能会影响其未来的运动能力和身体素质。此外，爬行不足还可能导致孩子的大脑双侧分化不全和语言功能区发展异常，进而影响其语言表达能力和逻辑思维能力。

·爬行：孩子探索世界的起点

孩子的爬行过程是一个循序渐进、逐步发展的过程，通常可以清晰地划分为准备期、腹爬期和四肢爬行期三个阶段。

爬行对于孩子而言，标志着探索世界的开始，是孩子主动性体验的另一种重要方式。如果儿童早期爬行时间不足，将对其前庭感觉统合产生不良影响，进而导致注意力不集中、听读写能力差、情绪控制能力不足等问题，特别是会导致语言表达困难和语言发育迟缓的现象。

准备期（5—6 月龄）

孩子开始展现出对爬行的浓厚兴趣，尽管他们的四肢力量尚不足以支撑整个身体进行流畅的爬行，此时，他们的爬行动作可能显得笨拙而费力，但这正是他们尝试掌握新技能的重要阶段。孩子在爬行过程中不断变换方向或寻找目标物体，这不仅能让他们识别物体的位置并辨别运动方向，还有助于平衡系统的发育。此行为不仅能增强孩子的敏感性和协调性，为学习站立和行走奠定平衡基础，并促进未来专注力的发展，而且在抬头、扭头寻找声源或感兴趣物品时，还能锻炼大脑的反应能力，刺激大脑的发育和智力的提升。家长可以通过辅助爬行的方式，轻轻推动孩子的双脚或提供适当的支撑，帮助他们体验正确的爬行姿势，并鼓励他们不断尝试。

腹爬期（7—8 月龄）

孩子的四肢和背部肌肉逐渐变得有力，他们开始能够无须支撑地坐稳，并尝试将身体向前探以抓取远处的玩具。这是孩子学会爬行的关键前奏，也是他们身体协调性和平衡感得到显著提升的重要阶段。在这个阶段，家长可以放置一些色彩鲜艳、形状各异的玩具在孩子周围，以激发他们的爬行欲望，并引导他们进行更多的探索和尝试。

四肢爬行期（8—10 月龄）

在这个阶段，他们逐渐掌握了用手和膝盖爬行的技巧，并随着技能的进一步提高，发展为两臂和两腿均伸直、用手和脚爬行的更协调方式。这种爬行方式不仅让孩子能够更自如地探索周围环境，还促进了他们大脑发育和身体协调性的提升，扩大了孩子的视听触觉范围，增强了小脑平衡和反应联系，对日后的语言学习和阅读能力也能产生积极影响。

每个阶段的爬行都对孩子的大脑发育和身体协调性有着独特的促进作用。例如，在准备期，孩子通过尝试爬行锻炼了身体的敏感性和协调性；在腹爬期，他们通过不断变换方向和抓取玩具增强了大脑的反应能力和空间感知能力；而在四肢爬行期，孩子则通过更加协调的爬行动作进一步促进了大脑双侧分化和语言功能区的发展。

部分家长出于安全考虑或过度爱护，过早地将孩子放入学步车或长时间抱着，剥夺了孩子爬行的机会，这可能为孩子未来的发展埋下隐患。因此，家长应密切关注孩子的爬行进展，并给予适当的引导和支持。通过提供安全、有趣的爬行环境，鼓励孩子进行更多的爬行练习，帮助他们更好地掌握这一重要技能，为未来的成长和发展奠定坚实的基础。

·家长助力孩子爬行发展的有效引导

那么在孩子爬行期间，家长应该如何做呢？

首先，孩子穿着的衣物应稍微宽松一些，避免因穿着过厚、过于笨重而影响其爬行的意愿。太厚太紧的衣物都会降低孩子爬行的欲望。

其次，家长需要为孩子准备一个相对宽敞的爬行空间。空间过小会限制孩子的爬行活动，使其很快就想站起来。当孩子能看到更高的世界时，他可能会失去爬行的兴趣。因此，一定要为孩子的爬行创造足够的空间。

再次，在孩子爬行时，家长可以为其营造一个更有趣的环境，以增加其爬行的欲望。例如，让孩子追逐一个滚动的球，并在其爬到球旁后，将球推回孩子身边，鼓励其再次爬过去拿球，从而增加爬行的趣味性。

最后，在练习爬行时，家长也需要注意，爬行应在硬板床、洁净的地毯或塑料拼图上进行，避免在软床上练习。即使家里空间狭小，也应该尽量创造条件，为孩子留出一块可以爬行的空间。孩子应在大人的看护下练习爬行，以避免受到意外伤害。然而，家长不能因为担心危险而过度限制孩子的爬行活动，这实际上会限制孩子的探索行为，减少其锻炼机会，对智力发展有害无益。

第二节

汪汪汪，喵喵喵

——从听开始的语言

儿童的语言发育大致可分为前语言期和后语言期两个阶段。在语言发育阶段，孩子对外界的声音异常敏感，无论是路边小猫的喵喵声，还是楼下小狗的汪汪叫，这些声音都如同甘霖，滋润着孩子的语言系统，促使其开始孵化和发展。

·前语言期与情感的初步联结

孩子出生后，家长应立即进行听力检查，这通常是医院的例行检查项目。此外，还须确保孩子的发声器官、神经及肌肉均发展良好。为此，应给予孩子充足的吮吸和咀嚼机会，家长在准备食物时，不应过于细碎，以免孩子缺乏咀嚼锻炼。有些长辈过于紧张和担心，将食物做得过于精细，导致孩子在口腔期缺乏必要的锻炼，进而影响其日后的语言发音清晰度。我们幼儿园每年小班都会有几位孩子因不善咀嚼而影响进食，这往往是因为家庭对孩子过度保护，未能给予其足够的口腔锻炼机会。咀嚼不仅能促进口腔肌肉的发展，还能为孩子的语言发展奠定基础。

孩子 0 至 1 岁时处于前语言期，而 1 至 3 岁则进入语言期。孩子自出生起便能辨认出母亲的声音，并会转头寻找声音的来源。新生儿还能从父母对自己哭声的回应中，逐步建立起与父母间的沟通模式，从而正式进入前语言期。

孩子的前语言期为 0 至 1 岁，这一阶段又可细分为五个子阶段：

第一个阶段，孩子刚出生至 2 个月。此时，孩子会通过不同的哭声来表达自己的需求，同时也会利用不同的呼吸声来传达感受。因此，父母需细心聆听孩子的声音，并给予恰当的回应。例如，当孩子饥饿时，妈妈听到哭声后可以说："宝宝饿了，妈妈知道了，这就去准备吃的。"若每次孩子饿时，妈妈都用相同的话语回应，这将有助于建立孩子与妈妈之间的有效沟通模式。

第二个阶段，孩子 2 至 3 个月。此时，孩子已经具备了改变声调的能力，并喜欢与照顾自己的人进行"交流"，如经常咿咿呀呀地对家长“说话”。尽管孩子只能发出这样的声音，但如果大人在此时模仿孩子的声音，将给予孩子极大的鼓励，进而激发其练习发声的积极性。在此阶段，父母可以模仿孩子的声音，并尝试用不同的声调进行回应。这样便可以增强孩子与环境沟通的意愿。在与孩子交谈时，要肯定其声音和语义，如：“宝贝，你的声音真好听，再大声一点就更好了。”这样的鼓励能增强孩子的自信心和表达意愿。

第三个阶段，孩子 3 至 4 个月。此时，婴儿对元音特别敏感，比如 a、i 这样的元音。如果大人对着孩子发出元音，孩子会模仿，并在心情愉悦时自言自语。此外，3—4 个月大的孩子的视力已经能够看清轮廓，因此父母应每天抽出时间与孩子进行面对面的交流，或念一些押韵的儿歌。

第四个阶段，孩子 5 至 6 个月。此时，孩子已经能够发出 m、n 等辅音。因此，当父母听到孩子重复这些音时，可能会误以为孩子在叫“妈妈”。当孩子发出“妈—妈”这样的声音时，妈妈通常会回应：“妈妈在这里。”或“会叫妈妈啦，真棒！”其实，孩子也会因为父母的这种解释而肯定自己的发音能力，并尝试发出更多不同的声音。

第五个阶段，孩子 7 到 8 个月。此时，孩子已经能够根据父母的指令做出一些拍手、挥手、握手等手势，虽然他们可能并不理解这些手势的具体含义，只是单纯地模仿。有些语言能力较强的孩子，已经能够用单字与父母进行沟通。因此，在这段时间里，父母为孩子做每一件事情时，都要用正确的语言说出来让孩子听，让孩子处于一个充满尊重、沟通的语言环境中，并为生活中的每一件例行事务和使用的物品赋予正确的语言标签。例如，当妈妈帮孩子穿衣服时，可以说："妈妈帮宝宝穿衣服喽，先穿左手再穿右手，接着帮宝宝扣纽扣，一个扣子、两个扣子、三个扣子……好啦！"这样，孩子就能将语言和动作串联起来，并获得正确的左右手认知。

·后语言的萌芽与爆发

进入后语言期的第一个阶段是孩子 1 岁时。此时，孩子已经能够用一个字或简短的一句话来表达多种不同的情况，或者用不同的字来表达相同的意思。大人在与孩子说话时，嘴型要明确，语音要清晰。特别是在孩子出现口吃、表达不清晰或发音不清时，更应注重这一点。例如，孩子可能会说："妈妈，我要吃。"而实际上他想表达的是："妈妈我要吃苹果。"此时，妈妈可以回应："宝宝是要吃苹果吗？"经过这样的互动后，孩子就能更清楚地表达自己的需求。因此，妈妈要适当地解码孩子的语言，并用完整的语句进行回应。

同时，蹲下来让孩子听清楚你的发音并看到你的嘴型，这对于孩子此时的语言发展是非常有帮助的。

第二个阶段是孩子 1 岁半至 2 岁。这是孩子学习名词的关键期。孩子将逐渐意识到周围的事物都有名称，并常常会指着东西问："这是什么？""那是什么？"在孩子的世界里，没有所谓的难与易之分。虽然有些名词在发音或字数上可能让孩子觉得较难，但只要父母反复地给孩子听和说，孩子就能将这些发音记在脑海里。当孩子的发音器官发育成熟后，他就会像一个"复读机"一样不停地说话。

第三个阶段是孩子 2 岁至 3 岁。2 岁以后孩子就进入了语言的爆发期，也就是幼儿园时期。此时的语言环境更加丰富多样。小朋友们的交流、老师们的授课，甚至是路边的猫猫狗狗发出的叫声都会潜移默化地影响孩子。随着这些经历的

不断积累，孩子也逐渐形成了自我意识。需要特别注意的是，该阶段孩子的语言系统尚未完全成熟，所以家长应该避免去模仿孩子未成熟的语句。当孩子发音不清晰时，家长不应因觉得可爱而故意模仿，这可能会阻碍孩子学习正确的语言。同时，当孩子说错时，也不要直接指出错误并要求其重复，这样做可能会让孩子感到挫败，从而失去学习的动力。例如，当孩子将“奶奶”发音为近似音时，家长不应模仿其错误发音，而应耐心引导其发出正确音节。同样地，对于其他发音不清的词汇，也应采取类似的方法进行处理，以避免延长孩子的学习时间。

·家长对孩子语言敏感期的守护

孩子处于语言敏感期时，家长的语言须清晰且温柔，这至关重要。

孩子的语言发展及其准确性是一个逐步构建的过程。儿童唯有通过亲身观察、体验、参与以及推理，才能真正建立起自己的思维体系，进而形成个性化的语言。这既是儿童所具备的潜能与权利，也是符合正确儿童观和教育观的理念。然而，在我们的教育实践中，往往忽视了这些对儿童成长至关重要的因素——孩子们从小培养自我学习与解决问题能力的机会。实际上，教师和家长只需给予孩子一个启发点，便能激发其内在的学习动机，使他们对周围世界充满好奇与兴趣，这种兴趣将伴随其一生。学习语言的过程亦是如此。

在与孩子相处的过程中，许多家长往往提高嗓音，试图通过斗智斗勇来解决问题。然而，孩子在成长的过程中，若长期处于充满压力的家庭环境或氛围中，语言交流转变为刺耳的指责或恐吓，大脑便会处于高度警觉状态，时刻提防着可能的攻击，这种反应可能表现为战斗或逃避。长此以往，孩子可能会出现顶嘴、撒谎等行为，这实际上是大脑在进行自我保护的一种尝试，但同时也导致了大脑分辨是非能力的减弱。随着孩子年龄的增长，到青年或成年时期，他们这方面的能力可能会逐渐落后于同龄人。

第三节

还要再听一个故事

——在睡前建立的阅读习惯

我们每一位家长，都深知阅读对孩子知识积累、生命成长的重要性，都期望我们的孩子能拥有出色的阅读能力和热爱阅读的好习惯。那么，孩子的阅读兴趣和阅读习惯究竟源自何处呢？

随着孩子年龄的增长，几乎所有的孩子都极为享受睡前故事的时光。家长们往往会发现，一讲故事，孩子便能迅速安静下来，因此，睡前为孩子讲述故事、阅读绘本成为了家长们不可或缺的必修课，这一过程也被我们亲切地称为亲子阅读。若父母在为孩子阅读图书时，不仅是为了孩子而读，自己也能沉浸其中，这无疑是一件极具意义和充满幸福感的事情。

·亲子共读的魔力

亲子共读过程中彼此间的交流、喜悦的分享以及心灵的触碰，能给予孩子极为愉悦的读书体验和深刻的情感体验。孩子会逐渐感知到阅读所带来的无尽乐趣，从而深深爱上阅读。互联网的发展极大地丰富了我们的生活，诸如“凯叔讲故事”“园长妈妈讲故事”等线上资源为家长们提供了诸多便利。然而，互联网亦如双刃剑，在带来便捷的同时，电视与电子书中泛滥的语言也在悄然侵蚀着人类的精神世界。孩子内心深处最期盼的，仍是母亲亲自讲述的故事，因为那是他们与自然最为纯真的联结。

就亲子间的直接沟通而言，图书阅读相较于电视和碎片化电子阅读，更能促进孩子的内在成长。在亲子共读的过程中，无论是传统的纸质书籍还是经过筛选的优质电子书，只要父母能保持专注的互动陪伴，孩子都能持续感受到父母温暖的陪伴，并体验到人与人之间心灵交汇的充实与愉悦。因此，即便在日常生活中时间宝贵，我们也应竭力创造这种心灵交融的机会，因为它是亲子间最为珍贵的交流方式。特别是在当今科技如此发达的时代，孩子们的生活节奏很容易被电子洪流打乱，电视、手机、平板电脑等电子设备不断侵扰着他们的注意力，无论是孩子还是大人，都需要警惕沉溺于碎片化视听刺激的陷阱，而应让科技产品回归工具属性——当电子书阅读器成为亲子共读的新载体时，我们更要注重保持眼神交流与情感共鸣。

孩子的语言敏感期分为前语言期和后语言期两个阶段。父母在抚育婴儿时，无论是在喂奶、洗澡、换尿布、逗弄孩子，还是哄睡时，都应与婴儿进行言语交流，而非默默地照顾。父母的话语或许看似琐碎且无特定意义，但当父母不断地与婴儿沟通时，婴儿定能感受到父母深深的爱意。此时，亲子间便产生了情感的交流，孩子与父母的依恋关系也通过语言得以建立。这种依恋关系极大地促进了婴儿心智的健康发展，同时也为孩子输入了最初的语言和文字信息。

孩子在成长的过程中聆听了大量的故事，积累了丰富的词汇，特别是在阅读敏感期，孩子所获得的美好情感体验尤为重要。许多家长认为，孩子识字后自然会喜欢阅读。然而，事实上，阅读能力的建立并非始于识字，而是始于耳朵的聆听，即在前语言期由父母的语言开始。孩子的任何能力都是呈螺旋式上升的，孩子的教育是一个系统工程，而非单一环节。孩子的阅读亦是如此。

·图画书是幼儿认知与阅读的启蒙之选

谈及阅读，我们的目光自然而然地聚焦于图书，尤其是父母最初为孩子精心挑选的那些色彩缤纷的交通工具和动物类图画书。这些启蒙读物在幼儿的成长过程中扮演着举足轻重的角色，但图书的品质我们须审慎关注。不自然的色彩或过分卡通化的动物形象，可能会让孩子无法真切感受到生命的真实与蓬勃，而仅仅留下表面华丽的印象，这是需要我们去细致观察的。

幼儿初期的图画书，旨在协助他们借助视觉把握并确认事物的本质。无论是通过图书认知日常事物，还是用实物来验证书中的描绘，都能为孩子提供准确的概念认知。例如，孩子在图画书中看到大象的形象后，再到动物园目睹实体，其印象无疑会更加深刻。这类图画书使实物与图画在孩子的心灵中交织成完整的体验，并教会他们用语言表达所见所感，因此，具备这一功能的图画书，才有资格被称为认知类图画书。

孩子与大人的阅读方式迥异，孩子更倾向于关注图画，而对文字不甚在意。他们能从图画中领悟内容，甚至热衷于将所见讲给家长听。因此，大人在为孩子讲述图书时，必须真正领悟图画所传达的意蕴。无字书对孩子而言是无尽的宝藏，他们可以自由地在其中探寻词汇与形状，但如果图画内容贫瘠，孩子就难以沉浸其中并挥洒想象力。

图画书不仅是教育的媒介，更是乐趣的源泉。在借助图画书教育孩子之前，让孩子从中获得乐趣至关重要。大人应先体验图画书的妙趣，方能更好地与孩子共享这份欢乐。母亲若喜爱图画书，孩子亦会受到感染，产生探究的好奇心，询问书中情节，央求讲述故事，这无疑是引导孩子阅读的有效途径。

大多父母过早地训练孩子识字，却忽略了图书原本应是孩子的乐趣所在。亲子阅读能激发孩子的智力潜能，涵盖观察力、倾听力、专注力、思考力、想象力和创造力。识字固然重要，但阅读的目的并非仅仅为了识字，而是为了享受和理解内容。在孩子步入小学前后，父母都应持续为孩子朗读图画书或童话，这对丰富亲子生活、建立心灵相通的人际关系具有积极意义。

·阅读的真正意义：滋养心灵

或许有人会问，给孩子讲故事或阅读的真正意义何在？

简而言之，就是滋养孩子的心灵。这是难以言表且无法量化的，讲故事的精髓就在于对孩子的心灵加以润泽。

众所周知，儿童的身体要健康成长，需要汲取适宜的养分，同样地，他们心灵的健康成长也需要吸收恰当的滋养。道理相通，供给身体的最佳养分应是天然的、有机的、富含生命力的。人工合成或含有大量添加剂的食物，对孩子及身体均有害。相应地，供给孩子心灵的养分，也应是充满活力的、富含生命力的，而非僵化的、刻板的、机械的。

家长每为孩子讲述一个故事，故事中的角色，不论是动物还是植物，都蕴含着生命，如同母乳那般，带着母亲的体温，涓涓流入孩子的身体和心灵。故事中蕴藏着丰富的智慧，尤其是那些名著，如《格林童话》《安徒生童话》，或是中国的神话传说、民间故事等，都是人类意识进化历程的逐步记录。其中的智慧已难以用现代语言精准表述，但当我们讲述给孩子听时，他们能本能地领悟，自然地化作生命的一部分。

这些故事会悄然渗透进孩子的心灵，它仿佛是给植物输送养分，点点滴滴地渗透在泥土之下，滋养植物的根部。肉眼虽难以察觉，但其功效却是巨大的。故事之所以能开启儿童的智慧之门，是因为它真的具备一种神奇的魔力，能最大限度地激发儿童独特的想象力，引领他们进入创造性图景的领域，超越感知与逻辑思维，达到更高层次的认知。孩子在听故事时，其大脑中的多个区域会积极活动，将听觉接收到的信息转化为画面，形成内心图景。这是人类思维的基础，任何其他的活动都难以如此有效地调动孩子的大脑。积极的活动意味着神经元之间在建立新的连接。也就是说，在听故事的过程中，孩子的大脑在成长、在发展。

因此，讲故事的人至关重要，家长应更多地参与其中。

如今，大家应能理解为何我们不主张用光盘、影音或电视来替代父母讲故事了。因为父母的声音是无可替代的，这与母乳喂养的道理相同。母亲体内的养分化为母乳，带着爱与关怀，带着母亲的体温，直接从母亲的身体传递给孩子的身体。而父母亲自给孩子讲故事，则是融合了父母的思维、情感、语言等更高层次的心灵活动，是给孩子提供心灵滋养的“母乳”。比如睡前故事通常是在关灯的环境下进行的，因为在黑暗中，孩子的想象力能更自由地驰骋。在黑暗中听故事，想象力如脱缰之马，无边无际。给孩子讲睡前故事时，语气、语调应舒缓一些，这样更有助于调整孩子的呼吸和心跳。

从教育的角度来看，只有通过亲身体验获得的东西，才具有滋养心灵的作用，才能使精神焕发。

第四节

我要比你多一颗糖！

——具象里的数学思维

从孩子出生开始，他们已经进入了数的萌芽阶段。他们在生活中接触到一双筷子、两个皮球、三颗糖、许多苹果等数的概念，通过成人的语言引导，这些数的概念会进入孩子的认知体系。此时期孩子对数的认识基本上是无意识的右脑的直接反应。有的家长可能会质疑，这么小的孩子和他说数字有意义吗？孩子又听不懂。但我们知道，数学作为一项抽象的大脑活动，需要积累生活经验后才会显现出来。例如，我们发现 0 到 2 岁的孩子，若对数量和数字接触较少，其数学敏感期的表现自然就不那么明显；若接触得多且符合孩子的心智特点，其在数学敏感期爆发时数学能力就会有非常明显的发展。

儿童在数学敏感期初期，主要表现出对数数、数字、数字排列顺序的兴趣。随后，这种兴趣逐渐发展为对数的运算特征、数的概念的兴趣。

然而遗憾的是，在生活中，家长们常采用口头传授的方式教孩子学数学，这无法让孩子建立真正的数学思维。学习数学绝非简单的记忆过程，而是数学逻辑思维建立的过程，即掌握和发现数学规律的过程。如果我们忽视了孩子对数字的感知过程，仅依赖口头传授，那么孩子很可能无法建立数学思维，进而在后续的数学学习中遇到困难。

·儿童对数学世界的探索

2 岁半左右是儿童记数能力发展的关键时期。儿童进入 2 岁以后，数字的概念开始逐渐萌芽。这个时期是具象思维向抽象思维转化的关键阶段。孩子们通过感知和运动来把握客观的数量，但仅具有对少量事物初步产生数的概念。因为在这个阶段，孩子的思维处于直觉行动思维水平，他们对数量的理解仅限于自己所感知到的物体动作之中，而且能确定的动作数量也很有限。他们尚未形成数词与物体间一对一的联系，还不能理解数的实际意义，也没有形成总数的概念。

4 岁是数词和物体数量间建立联系的重要阶段。4 岁左右的孩子会对数名、数量、数字以及书写产生浓厚兴趣。他们从只对少量物体有模糊的数概念，发展到可以形成明确数概念的阶段。他们对生活中的车牌号、时间、手机号码等各种数字都会产生浓厚兴趣，喜欢询问“这是几个？”“现在是几点？”“妈妈的手机号是多少？”“有几个人？”等问题。此外，孩子的兴趣还表现在对几何图形的认识和测量上，他们会使用简单的工具进行测量等活动。

在孩子 5 岁左右时，他们真正进入了数学敏感期的爆发期，这也是孩子掌握数学概念、进行抽象运算以及开始形成综合数学能力的关键时期。在这个时期，孩子的计数概念、数量概念和计数能力都有了显著的拓展。成人会明显感受到儿童数学能力的发展。幼儿园大班的老师们经常提到，孩子们突然之间变得会算数了，他们对数列、数的守恒以及概念之间的关系产生了浓厚兴趣。孩子们喜欢进行数字推理活动，开始关注楼层、门牌号码等日常生活中的数字信息。例如，当老师说“犀牛住在 101”，孩子们就能推断出小猪住在 102，小羊住在 103，以此类推。他们还会在游戏中体验数字的无限性，尽管这种体验尚不理性，但孩子们乐在其中，从中感受着混沌初开的数学世界。

意大利儿童教育家蒙台梭利提出：2 到 6 岁是儿童一生中最重要的数学敏感期。从 4 岁开始，儿童的数学概念敏感期逐渐凸显。5 岁左右，则是数学敏感期的爆发期。当孩子开始对数的概念，如数数、数字、数量关系、排列顺序以及数的运算等产生浓厚兴趣，并对这些变化怀有强烈求知欲望时，就标志着孩子的数学敏感期已经到来。

·儿童认知的四阶段

瑞士心理学家皮亚杰在其儿童认知发展理论中，将 0 到 18 岁儿童的认知分为四个阶段。

第一阶段为 0 到 2 岁，称为“感觉运动阶段”。在这个阶段，孩子主要通过感觉与运动来建立对事物的认知。例如，孩子只有实际吃到苹果，才能学会“苹果”这个概念。缺乏实际的感觉体验，孩子便无法真正建立对某一事物的认知。

第二阶段为 2 到 7 岁，称为“前运算阶段”。此时，孩子已具备一定的推理能力，能够将某些事物联系起来，如看到妈妈穿上裙子，就会联想到妈妈可能要去上班。然而，此阶段的孩子尚不具备逻辑运算能力，其思维仍受具体情境的局限。

第三阶段为 7 到 12 岁，称为“具体运算阶段”。在这个阶段，孩子对事物的规律有了一定的逻辑推理能力，可以进行具体的运算。但对于逻辑性很强的内容，他们仍需借助实物来理解。比如，在理解正方体斜切一刀后会有几个面的变化时，孩子需要有实物的演示才能领悟。

第四阶段为 12 到 18 岁，称为“形式运算阶段”或“抽象逻辑思维阶段”。此时，孩子的认知水平已接近成人水平，他们能够进行抽象逻辑思考，理解并应用复杂的数学和科学概念。

从皮亚杰的认知发展理论可以看出，儿童与成人的认知存在本质差异。12 岁以前，孩子的认知学习必须依靠实物。例如，在教孩子认识数字时，若仅采用口头传授的方式，孩子对数字的认识将仅限于符号层面，无法真正理解数字的意义。因此，我们需要通过让孩子去触摸、数数、制作数字卡片等各种手段，让孩子大量地、反复地感知数字，从而发现数字的规律，建立数学思维。

皮亚杰的认知理论着重指出，幼儿的思维具有鲜明的具体形象性，而数字相较于日常生活中的其他概念更为抽象。因此，关于孩子何时开始学习数学的问题，存在两种普遍的误解：一是认为学习数学是孩子入学后的任务，无需提前进行启蒙；二是认为既然数学抽象且难以理解，就应尽早对孩子进行数学灌输。这两种观念都不利于孩子数学能力的发展。

因此，

在儿童时期，

通过情景化、无痕、

无意识的方式

让孩子感知数学思维

是极为关键的。

·幼儿数学能力发展的有效策略：融入生活与游戏

为了更有效地推动孩子的数学能力发展，以下提出若干建议：

首先，数学应自然而然地融入孩子的日常生活和游戏之中。从 0 岁开始，家长就应着手对孩子进行数概念的渗透，让数学成为他们生活和游戏不可或缺的一部分。孩子对周围世界的认知是吸收性的，他们需要通过视觉、听觉和触觉等多种方式，在脑海中留下深刻的印象。在与孩子相处的过程中，我们可以巧妙利用日常活动，如扔玩具、跳膝盖舞等，自然而然地融入数字概念，让孩子在玩耍中感受数学的魅力。

其次，随着孩子年龄的增长，我们可以与他们一起走楼梯时数数、分餐具时练习分配、玩数字游戏以及一起读爸爸妈妈的电话号码、认识车牌号等，让孩子在真实的生活情境中接触和理解数字。

再次，由于数概念的获得最初源于儿童对动作和运动的感知，因此，作为家长，必须允许孩子自由地走动和操作。当孩子在点数桌子上的苹果时，他们实际上是在通过自己的动作来感受数量的变化，而不仅仅是单纯地数苹果。在这样的点数游戏中，孩子经过无数次的实践，最终能够一一对应地准确点数，并说出总数。所以在此阶段，家长应顺应孩子的自然发展，而非刻意教授。

此外，语言同样是提升孩子数概念并形成抽象思维的重要媒介。尤其是在孩子语言敏感期到来时，许多家长误以为孩子听不懂数字，因而在孩子面前很少提及。然而，即使 2 岁前的孩子尚未意识到数字的真正含义，也应让他们知晓数字的存在。我们可以将数字融入故事中，让孩子在聆听故事的过程中感受数字的魅力。当孩子数学敏感期到来时，我们不仅要做出来，还要说出来，将数学与语言紧密结合，帮助孩子从具体事物中抽象出数学概念。

最后，绘本的选择对于 0 到 6 岁的孩子也至关重要。家长可以为孩子挑选一些适宜的绘本，如针对 0 到 2 岁的孩子，可以选择《九只小猫呼呼睡》等绘本，让孩子在故事中感受数字的变化和节奏；对于 2 到 4 岁的孩子，可以选择《首先有一个苹果》和《完美的小狗狗菠萝：我会数数》等有趣的绘本，让孩子在轻松愉悦的氛围中学习数学；对于4到6岁的孩子，则可以选择涉及简单运算的绘本，如《诗中的数学》和《十只小猴加油爬》等，让孩子在故事中体会数学的乐趣。

在孩子数学敏感期到来之际，对孩子的数学启蒙应避免强迫，否则可能会让孩子对书写产生厌恶，进而埋下讨厌数学的种子。因此，在儿童时期，通过情景化、无痕、无意识的方式让孩子感知数学思维是极为关键的。

2
1
2+1=?

123

结语

多陪伴，多等待

真正有利于孩子

各项发展的基础

应该是陪伴与等待，

养育的本质

也是如此。

俗话说，陪伴是最长情的告白。身为家长，我们对孩子各个时期的发展都十分关注，但若总害怕孩子成长得不够好、不够完善，过度干涉他们的成长，反而会导致其日后的生活出现问题。实际上，真正有利于孩子各项技能发展的基础应该是陪伴与等待，养育的本质也是如此。

养育孩子是一场漫长的旅程，它需要我们付出耐心、爱心和智慧。在这个过程中，陪伴与等待是不可或缺的两大要素。陪伴让我们与孩子共同成长，建立深厚的亲子关系；等待则让我们学会尊重孩子的成长节奏，给予他们足够的时间和空间去发展自己的潜能。

我们要意识到，养育孩子不仅是一个单向的过程，更是一个共同成长、相互成就的过程。在陪伴孩子成长的同时，我们也在不断学习和成长。通过反思自己的育儿方式、调整自己的心态和行为，我们能够成为更加成熟、理性的父母。同时，孩子的成长也给我们带来了无尽的欢乐和成就感，让我们更加珍惜这段美好的亲子时光。

·尊重孩子本来的样子

每个孩子都是独一无二的个体，他们带着自己的节奏和方式成长。作为父母，我们的首要任务是观察和了解孩子。蒙台梭利有一句非常经典的话："父母需要沉默、观察、谦卑，而不是急于将他们塑造成我们期望的样子。"其实，孩子的每一个行为背后，都隐藏着他们独特的成长需求和探索欲望。只有当我们真正理解了这些行为背后的意义，才能给予他们最恰当的引导和支持。

相信我们都爱孩子，但我们需要思考的是：我们的爱到底是为了满足我们的需求，还是为了满足孩子发展的需求？很多时候，我们将我们的爱与孩子需要的爱混淆了。例如，当一个小孩子想自己吃饭的时候，他需要的是什么？自己吃饭是孩子当下的心理需求，但由于他年龄小，自己吃饭会弄得到处都是。此时，他需要父母用爱去协助他，帮助他，接纳、满足他的需求，而父母们常常会说：“别弄得到处都是，我来喂你。”很多时候，我们的爱表现为“看你做不好，我就代替你做”。当你代替他做的时候，这不是真爱。所以在我们付出爱的时候，一定要感受到，自己对孩子的爱和孩子所需求的爱到底是不是一致的？

爱是一种能力，是一种智慧，需要我们去学习、思考，直到我们懂得怎样做才能帮助孩子，懂得怎样做才是敬畏和遵循规律。当我们不懂的时候，尽管我们嘴里一直在说自己如何帮助孩子，但却无法达成想要的效果，甚至事与愿违，因为我们不具备那种能力，甚至无法真正尊重孩子。

·多陪伴，多关注

陪伴是给孩子最好的礼物。在孩子的成长过程中，父母的关注和陪伴不仅能让孩子感受到安全和温暖，还能促进亲子关系的建立，更重要的是能够帮助孩子建立良好的行为习惯。

生活中，我常看到一些孩子无缘无故地打人，父母为此非常头疼，和孩子讲道理甚至惩罚孩子都没有用。研究发现，许多时候，孩子打人的一个重要原因是，家中父母的关注和有效陪伴时间太少，导致孩子特别需要关注和回应，而打人正好满足了这种需求。

所以，我常对家长说：如果发现孩子有不良行为，最有效的方法是丰富孩子的生活，增加亲子互动。有质量的陪伴才是真正有效的教育。通过陪伴，我们能够更深入地了解孩子的内心世界，满足孩子的心理需求。例如，积极参与孩子的日常生活，一起玩游戏、阅读、探索自然等，和孩子共同分享成长的喜悦与挑战。

·少干预，耐心等待

然而，陪伴并不意味着过度干预。在孩子的成长过程中，我们需要学会放手，给他们足够的空间去探索和尝试。当孩子遇到困难或挑战时，我们可以给予适当的鼓励和引导，但切忌代替他们解决问题。只有这样，孩子才能在实践中建立独立思考和解决问题的能力。

与此同时，我们也要耐心等待孩子的成长，相信他们有能力克服眼前的困难，迎接未来的挑战。在孩子的成长过程中，我们要做到适时的介入。当我们了解孩子成长中的每一个敏感期时，我们就能更好地判断父母应该如何介入，在哪个节点介入，这也是我们出版这本书的初衷。

例如，孩子正在努力系鞋带，但一直不成功。看到孩子笨手笨脚的样子，作为成人我们会很着急。此时，我们可能会说："我来帮你。"这是错误的介入。正确的做法是，当孩子感到焦虑，甚至目光投向我们寻求帮助时，我们才可以适时地给予帮助、引导和鼓励，这才是真正的帮助和介入。所以，父母减少干预、耐心等待在孩子的成长过程中非常重要。

在陪伴孩子的过程中，沟通与理解是至关重要的，这意味着我们需要放下成人的视角和偏见，尝试从孩子的角度去理解他们的行为、情绪和需求。当孩子表现出某种行为时，我们不妨先问问自己："他为什么会这样做？""他可能需要什么帮助？"当孩子遇到困难或疑惑时，你也可以问问孩子："你需要妈妈帮助吗？"耐心倾听他们的诉说，给予积极的回应和建议。

通过这样的思考和沟通，我们能更准确地把握孩子的内心世界，从而给予他们更加贴心和有效的支持。良好的沟通是陪伴与等待的重要基础，也可有效地促进亲子关系的深化。

在最后，我想说，我相信全天下的父母都是爱孩子的。爱的方式对了，爱可以帮助和促进孩子成长；而爱的方式错了，则可能阻碍甚至毁灭孩子的人生。唯有真爱才能真正帮助我们的孩子，而真爱需要父母去学习、去成长，去完善自己的心智。爱是一种意愿，并不是所有的欲望都能转化为行动，只有强大的意愿才能转化为实际行动。父母若心智不成熟，很难让孩子自我完善。因此，我们必须加强自我成长的力量，才能成为爱与力量的源泉。